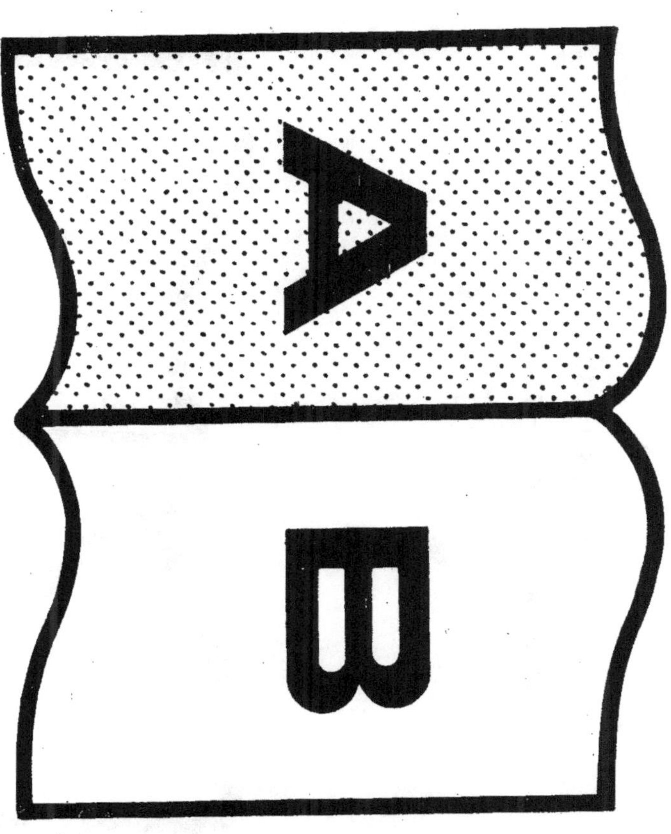
A
B

Texte détérioré — reliure défectueuse

NF Z 43-120-11

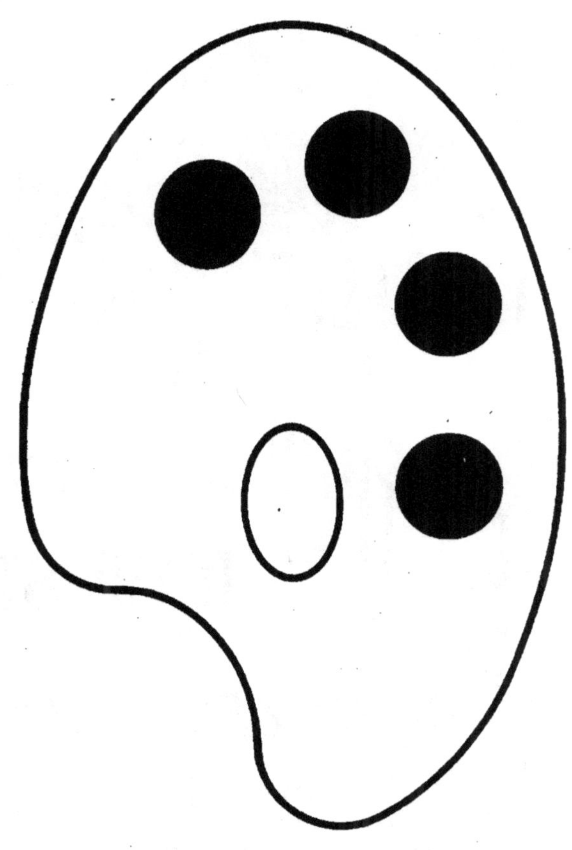

DAUPHINÉ   SAVOIE
LYON - GENÈVE
GUIDE
PRATIQUE-ILLUSTRÉ
DU TOURISTE
DANS LES ALPES
PRIX 1 fr.
2e ÉDITION   1908

GUIDE PRATIQUE-ILLUSTRÉ

du Touriste dans les Alpes

LA CHAINE DE BELLEDONNE VUE DE GRENOBLE

Guide Pratique-Illustré

du Touriste dans les Alpes

DAUPHINÉ-SAVOIE
LYON-GENÈVE

DEUXIÈME ÉDITION
revue et considérablement augmentée

Prix : UN FRANC

PARIS

ADMINISTRATION DU GUIDE PRATIQUE-ILLUSTRÉ

93, rue de Maubeuge, 93

1908

Paris, 28 avril 1908.

A tous les Amis de l'Alpe Française, à tous ceux qui nous ont secondés, nous exprimons ici nos remerciements pour le bienveillant concours qui nous a permis d'assurer, en 1907, le succès de la première édition du **Guide Pratique-Illustré,** *dans des conditions répondant pleinement au but si nettement indiqué par son titre.*

Et en particulier, nos remerciements s'adressent : aux Syndicats d'Initiative de Lyon, du Dauphiné et de la Savoie, à la Direction de la Compagnie des chemins de fer P.-L.-M., aux Photographes, Amateurs ou Professionnels, auteurs de la suggestive illustration de ce volume, à M. H. Dolin, auteur des très pratiques cartes kilométriques qu'il a bien voulu nous autoriser à reproduire, et à M. Boiton, le très habile Géomètre-Expert auquel nous sommes redevables de plusieurs des plans ou cartes du Dauphiné qui complètent fort utilement notre Guide.

Nous ne saurions surtout oublier le distingué Alpiniste qui continue à apporter au texte de cet ouvrage, avec le charme connu de son style, la précision et la clarté d'une documentation due à sa longue expérience : aussi sommes-nous heureux de lui témoigner ici toute notre gratitude pour sa collaboration si précieuse et si dévouée.

Peuvent également compter sur notre vive reconnaissance, les personnes qui voudront bien continuer à nous faire parvenir des documents destinés à faciliter la mise à jour des rééditions annuelles de cette publication.

Pierre BRICET
Éditeur.

RENSEIGNEMENTS GÉNÉRAUX

Les Alpes du Dauphiné et de la Savoie ont désormais acquis une réputation amplement justifiée, non seulement dans le monde des touristes, mais parmi la foule, chaque année plus considérable, des personnes en quête de villégiature agréable et vivifiante.

C'est là, très particulièrement, que la montagne s'offre sous les aspects répondant le mieux au besoin de repos par le changement d'air, dont la nécessité se fait profondément sentir au milieu de l'intense surmenage de l'existence quotidienne. Tout en jouissant de spectacles grandioses, au milieu des incomparables splendeurs de la Nature que la montagne offre à profusion, on s'y sent plus éloigné que partout ailleurs des complications souvent plus ou moins malsaines de la civilisation.

Desservis dans toutes les directions par de nombreuses voies ferrées qui en facilitent l'accès et le parcours, le Dauphiné et la Savoie réunissent les éléments les plus certains pour séduire et retenir le voyageur.

En publiant le présent volume, nous nous sommes attachés à produire, comme l'indique son titre, un **Guide pratique et illustré**, c'est-à-dire aux indications essentiellement suggestives, tant par le texte que par la gravure, et réellement à la portée de tous par ses renseignements susceptibles d'intéresser, d'une manière générale, touristes et villégiatureurs.

Il est, actuellement, le seul guide, spécialement consacré aux Alpes, qui réunisse *en un seul volume* **le Dauphiné et la Savoie**. Réédité chaque année après une revision soigneuse qui assure sa mise à jour régulière, il permet de posséder, sous un format portatif, des indications précieuses aussi bien pour les voyages d'été que pour les stations de sports d'hiver dans les divers centres de nos Alpes.

A Grenoble, Annecy, Chambéry, Lyon, Genève, etc., un *Syndicat d'Initiative* met gratuitement à la disposition des touristes tous les renseignements qui peuvent leur être nécessaires.

Le Syndicat répond, par retour du courrier, à toute demande de renseignements accompagnée d'un timbre pour la réponse.

Facilités d'accès. — Pour *visiter* la région des Alpes françaises, le voyageur a à sa disposition :

1° *Billets directs.* — Des billets d'aller et retour, collectifs ou de famille, sont délivrés, pendant la saison d'été, à des conditions particulièrement avantageuses, par toutes les gares des réseaux de P.-L.-M., Est, Etat, Midi, Nord, Orléans et Ouest pour les stations thermales d'*Aix-les-Bains*, d'*Allevard* (gare de Pontcharra), *Amphion* (gare d'Evian-les-Bains), *Challes* (gare de Chambéry), *Evian-les-Bains*, *La Bauche* (gare de Lépin), *La Caille* (gare de Croisy), *La Motte*, *Marlioz* (gare d'Aix-les-Bains), *Menthon* (gare d'Annecy), *St-Gervais* (gare du Fayet), *Uriage* (gare de Grenoble).

2° *Cartes d'excursions permettant de voyager 30 jours dans toute la région et dans tous les sens, sans limitation de parcours.* — La carte d'excursion de la *zone* **C** intéresse spécialement le Dauphiné et la Savoie; elle est délivrée dans toutes les gares du réseau P.-L.-M.

3° *Billets circulaires à itinéraires fixes.* — Ces billets, délivrés toute l'année à Paris et dans les principales gares situées sur chaque itinéraire, permettent de venir économiquement à Grenoble en suivant les lignes les plus intéressantes du P.-L.-M.

4° *Billets circulaires à itinéraires facultatifs.* — Ces billets doivent former un circuit fermé. Le voyageur le compose à son gré.

(Le Livret-Guide officiel de la Cie P.-L.-M. donne des renseignements complets relativement à ces diverses catégories de billets.)

Facilités de visite du Dauphiné et de la Savoie. — 1° *Billets circulaires à itinéraires fixes.* — Ces billets, établis de concert par la Cte P.-L.-M. et le Syndicat d'Initiative de Grenoble et du Dauphiné, sont en vente aux principales gares de leur parcours, au Bureau du Syndicat de Grenoble, etc.; ils permettent de visiter certaines régions du Dauphiné et de la Savoie en chemin de fer et en voiture.

2° *Coupons de voitures.* — Le Syndicat d'Initiative de Grenoble délivre des coupons de voitures et d'automobiles pour tous les services du Dauphiné. Dans les services publics de voitures, les porteurs de coupons du Syndicat ont, après les porteurs de billets de la Cte P.-L.-M., la préférence sur tous les autres voyageurs.

Facilités de séjour. — *Liste d'hôtels.* — Pour que le touriste connaisse exactement sa dépense avant son départ, les Syndicats ont dressé, avec l'adhésion des propriétaires d'hôtels, une liste des meilleurs établissements de la région. Cette liste, remise à tout voyageur, indique les prix du petit déjeuner, du déjeuner, du dîner et de la chambre.

Villégiature. — Les syndicats servent gratuitement d'intermédiaire entre les touristes et les hôteliers, les propriétaires de villas et les régisseurs d'immeubles de la région. Dans ce but, une liste des villas à louer est tenue à la disposition de toutes les personnes qui en font la demande (timbre pour réponse).

Excursions. — Afin de faciliter l'élaboration des programmes d'excursion, le Syndicat d'Initiative de Grenoble a fait établir des croquis-itinéraires et une liste sommaire des principales courses à effectuer dans les Alpes dauphinoises pour 2, 3, 5, 7, 15 et 21 jours.

On trouve ces croquis (o fr. 25) et cette liste au bureau du Syndicat.

Le touriste voyageant à pied, à bicyclette ou en automobile, trouvera dans l'ouvrage : *Les Alpes Françaises,* les renseignements les plus détaillés sur le réseau complet des routes et sur les sentiers muletiers les plus importants de la région des Alpes.

Grâce aux indications très précises de ce guide, le touriste pourra d'avance préparer son plan de voyage et éviter les déconvenues qui se produisent presque toujours dans une excursion mal documentée (1).

Services de voitures. — Les services de voitures correspondants de la Cie P.-L.-M., du Syndicat d'Initiative du Dauphiné et de la Savoie, fonctionnent du 1er juin au 30 septembre. Quelques-uns, cependant, commencent soit le 15 juin, soit le 1er juillet et finissent le 15 septembre. (Consulter l'Horaire du Syndicat de Grenoble, paraissant chaque année vers le 1er juin.)

Réclamations. — Toute réclamation relative soit aux services de voitures, soit aux hôtels, doit être adressée par lettre, directement et sans retard, au Syndicat d'Initiative de Grenoble et du Dauphiné, dont le *Bureau de Renseignements gratuits*, situé à Grenoble, place Grenette, 2, au rez-de-chaussée (entrée du Jardin de Ville), est ouvert tous les jours, de huit heures à midi et de deux à six heures du soir (le dimanche matin du 1er juin au 1er octobre).

CONSEILS AUX TOURISTES

1° Une ascension difficile ou dangereuse ne doit être entreprise que par des personnes dont la force physique, la santé, l'énergie sont à la hauteur de la tâche ;

2° Il faut bien se garder de croire que l'on peut faire, comme une visite des curiosités d'une ville, les ascensions recommandées dans un guide ;

3° Une ascension difficile ne doit jamais être entreprise sans un bon guide, à moins que l'on ait l'expérience et la pratique de la montagne qui font le bon guide. On ne doit pas, non plus, se hasarder seul sur un glacier ou sur une montagne difficile ;

4° L'équipement est de la plus grande importance. Une

---

(1) LES ALPES FRANÇAISES : profils des routes et cols à l'échelle du 1/200.000, du Jura à la Méditerranée, par H. Dolin, avec carte en couleurs des Alpes Françaises. Edité par le Syndicat d'Initiative de la Savoie avec le concours du Touring-Club de France.

On trouve cet ouvrage, en deux brochures, dans les bureaux de tous les syndicats d'initiative des Alpes, au prix de 2 francs ; contre mandat, franco poste, 2 fr. 35.

ascension ne doit, en aucun cas, être entreprise sans qu'on soit pourvu de bons souliers ferrés;

5° On ne doit jamais pousser un guide à entreprendre une ascension qu'il considère comme trop risquée en elle-même ou à cause des circonstances;

6° Si le guide conseille de rebrousser chemin, soit à cause du temps, soit parce qu'il a reconnu la faiblesse du touriste, soit pour d'autres raisons, on ne doit pas persister à vouloir continuer l'ascension;

7° Il faut surtout que le touriste qui entreprend une ascension périlleuse se rende compte de la responsabilité qu'il encourt vis-à-vis de lui-même et de sa propre famille, aussi bien que vis-à-vis des guides et de leurs familles.

Enfin, à tous les excursionnistes, on ne saura trop vivement rappeler le très judicieux avis inscrit par Bædeker en tête de ses excellents guides :

> *Qui songe à voyager,*
> *Doit savoir oublier,*
> *Dès l'aube se lever,*
> *Ne pas trop se charger,*
> *D'un pas gai marcher,*
> *Et savoir écouter.*

Abréviations employées dans le « Guide Pratique-Illustré »

alt...............	*altitude*	k. ou kil.......	*kilomètres*
B................	*Buffet*	m. ou mèt.......	*mètres*
cent.............	*centimes*	min.............	*minutes*
dr...............	*droite*	N...............	*Nord*
env.............	*environ*	O...............	*Ouest*
E...............	*Est*	S...............	*Sud*
g...............	*gauche*	s...............	*siècle*
h...............	*heure*	V...............	*Voir*
	hab...........	*habitants*	

VOIES D'ACCÈS DU DAUPHINÉ

DE PARIS A GRENOBLE
PAR LYON

Cet itinéraire est le plus direct et le plus généralement adopté. Le trajet (632 kil.) s'effectue en 10 h. 40. — Prix : 70 fr. 90 en 1re cl.; 47 fr. 90, 2e cl.; 31 fr. 25, 3e cl. — L'itiné-

LYON. — FOURVIÈRE

raire, passant par Chambéry, comporte un trajet de 568 kil. s'effectuant en 11 h. 35. Prix : 73 fr. 80 ; 49 fr. 85 ; 32 fr. 55.

Depuis Paris (gare de Lyon), les trains rapides ont leur premier arrêt à (155 kil.) *Laroche* (B).

Au *tunnel de Blaisy*, long de 4.100 mèt., et point le plus haut (400 mèt. d'alt.) de la ligne de Paris à Marseille, on quitte le bassin de la Seine pour entrer dans celui du Rhône.

(315 kil.) **Dijon** (B.) est la seconde station des trains rapides, et (440 kil.) **Mâcon**, la troisième. Bientôt, à l'Est, apparaît vers l'horizon, lorsque le ciel est clair, la colossale silhouette enneigée du Mont-Blanc.

Au sortir du tunnel de Saint-Irénée, pratiqué sous la colline que couronne la basilique de Fourvière, on franchit immédiatement la Saône, sur la rive gauche de laquelle est située (512 kil.) la gare de **Lyon-Perrache**.

Lyon, ville la plus importante de la France après Paris et Marseille, est à la tête d'un réseau de voies ferrées qui en fait un centre de tourisme des plus importants, en particulier pour les Alpes du Dauphiné et de la Savoie. Elles permettent, en effet, l'accès aisé de Genève, de Chamonix, d'Aix-les-Bains, d'Annecy, de la Tarentaise, de la Maurienne et du Briançonnais, sans parler de l'Italie, par Modane.

D'autre part, en suivant la ligne de Marseille par l'antique cité de *Vienne* jusqu'à Valence, on peut gagner la pittoresque région dauphinoise du Royans et du Vercors.

V. page 27, le trajet de Lyon à Grenoble.

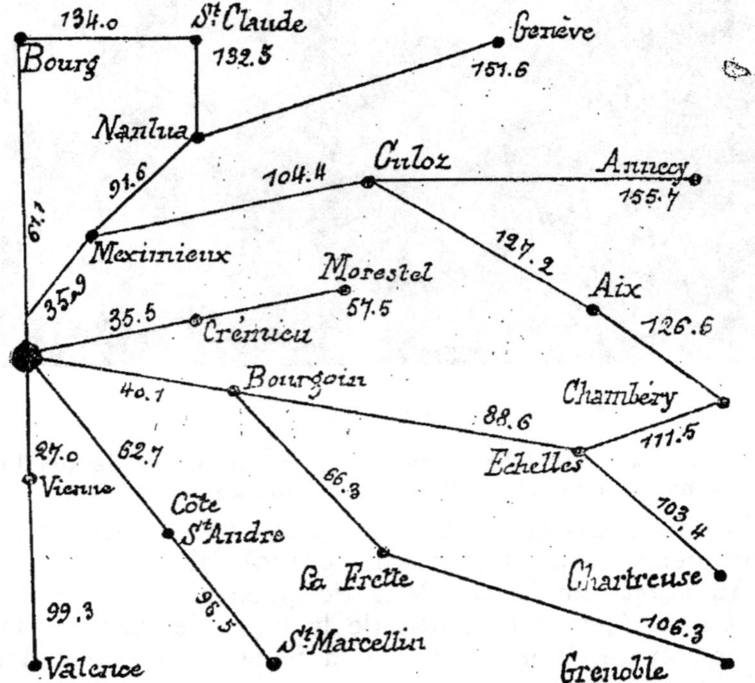

Carte des distances kilométriques par route des environs de **Lyon**
(H. Dolin)

LYON. — LA COLLINE DE FOURVIÈRE ET LE PALAIS DE JUSTICE

VISITE DE LYON

Tramways électriques. — (Prix DANS LA VILLE, 1re cl., 20 cent. ; 2e cl., 10 cent.). — De **Perrache,** A LA GARE DES BROTTEAUX, par le centre de la ville, (rue Victor-Hugo, place Bellecour, rue de la République, place de la Comédie, Pont et cours Morand) ; — AU PARC DE LA TÊTE D'OR ; — A LA CROIX-ROUSSE, par les Chartreux ; — A LA GARE SAINT-CLAIR. — DE LA **Place Bellecour,** PAR LA GUILLOTIÈRE, A SAINT-FONS ET A VÉNISSIEUX ; — A MONTCHAT ; A VILLEURBANNE ; — par la rive droite de la Saône, A LA GARE DE VAISE ; — AU PONT D'ECULLY ET AUX TROIS-RENARDS. — DE LA **Place des Cordeliers,** A VILLEURBANNE ; — A LA CROIX-LUIZET ET A VAULX-EN-VÉLIN ; — A CUSSET ; — A BRON ; — A CHASSIEUX ET GENAS ; — à Monplaisir. — DE LA **Gare Saint-Paul,** A MONPLAISIR ; — à Gerland. — DE LA **Place du Pont** (cours Gambetta) A LA GARE DE VAISE, par la rive gauche de la Saône. — DE LA **Place de la Charité,** A OULLINS, SAINT-GENIS-LAVAL ET BRIGNAIS. — DE **l'Archevêché,** A MONPLAISIR.

Tramways à vapeur. — DU QUAI DE LA PÊCHERIE (rive gauche de la Saône) A COLLONGES, FONTAINES, COUZON ET NEUVILLE. — DU PONT DE TILSITT (Saône), à SAINTE-FOY. — DU PONT MOUTON (Saône), A ECULLY, à CHAMPAGNE et Limonest, à SAINT-CYR-AU-MONT-D'OR. — DE LA CROIX-ROUSSE A CALLUIRE ET AUX MARRONNIERS. — DE SAINT-JUST A FRANCHEVILLE.

Bateaux sur la Saône, appelés MOUCHES, entre le PONT DU MIDI (près de la gare de Perrache), le PONT MOUTON (Vaise) et l'ILE-BARBE (Saint-Rambert). Prix, 5 à 15 cent.

Voitures de place : 2 places, course 1 fr. 50 ; heure 2 fr. — 4 places, course 1 fr. 75 ; heure 2 fr. 50 (50 cent. de plus de minuit à 6 h. du matin). — Bagages, 25 cent. par colis ; maximum 75 cent.

Histoire. — Ancienne ville des Ségusiaves, Lyon, devenue colonie romaine (an 43 avant Jésus-Christ), se développa rapidement. Auguste la choisit comme capitale de la Gaule Celtique ou Lyonnaise. La colline de Fourvière, dominant la rive droite de la Saône et le quartier de Vaise, conserve de nombreux vestiges des monuments qui y furent édifiés, notamment par Néron.

Sur la rive gauche du Rhône s'étendent les quartiers de la Guillotière et des Brotteaux, tandis que la Ville proprement dite couvre la presqu'île enserrée entre les deux rivières, depuis l'extrémité de Perrache à leur confluent vers le sud, jusqu'à l'ancien faubourg de la Croix-Rousse, au nord, sur la colline du même nom.

Après s'être donnée au roi de France, au commencement du XIVe siècle, Lyon vit son commerce et son industrie prendre une extension considérable. Aujourd'hui elle est la première ville du monde pour l'industrie de la soie qui y compte, en comprenant ses environs, plus de 85.000 métiers à tisser. On estime que la moitié de la récolte mondiale de la soie passe dans les magasins de Lyon.

La métallurgie, les fabriques de produits chimiques, de pâtes alimentaires, de savons, de bougies, etc., contribuent grandement aussi à sa prospérité.

Lyon est la patrie des empereurs Claude, Caracalla et Géta ; de saint Ambroise et de saint Irénée ; de Philibert Delorme, Ampère, Barrême, Pierre Dupont, Jacquart, de Jussieu, Meissonier, Suchet, etc.

Au sortir de la gare de *Perrache* (la principale des huit gares que possède Lyon, sans compter celles de ses cinq chemins de fer funiculaires, dits *ficelles*), on descend, au N., vers le cours du Midi, aboutissant à g. à la Saône et à dr. au Rhône, dont les eaux se réunissent à 2 kil. environ au S. de la gare de Perrache.

Les tramways desservant le centre de la ville ont leur station devant la gare de Perrache; ils contournent la **place Carnot,** ornée d'un square au milieu duquel est érigée une statue de la République, en bronze, de 7 m. 20 de haut, sur un socle de 15 m. Derrière, la *rue Victor-Hugo* conduit à la place Bellecour, en laissant, à g., la place Ampère, décorée d'une *statue* du physicien *Ampère,* et l'église **Saint-Martin-d'Ainay,** fondée au VIe s.

La **place Bellecour,** tracée en 1617, ne mesure pas moins de 310 mètres sur 200. Des ombrages et un jardin avec fontaines contribuent à en faire un lieu fort apprécié de repos et de promenade. Des concerts y sont donnés l'après-midi ou le soir, suivant la saison. Au n° 19 de la place Bellecour se trouve le bureau de renseignements du *Syndicat d'Initiative de Lyon.*

Au centre de la place est érigée une statue équestre de Louis XIV, par le sculpteur lyonnais Frédéric Lemot. A l'O., sur la colline, apparaît l'imposante basilique de Fourvière, dont l'accès est facilité, depuis la place Bellecour, par un funiculaire auquel on accède en traversant à l'O. (à g.) la Saône sur le pont de Tilsitt. En face se trouve, avenue du Doyenné, la *gare du funiculaire de Fourvière*, dont les trains, conduisant devant la basilique en 3 min. 1/2, parcourent un trajet de 430 mèt. en s'élevant de 120 mètres; prix 20 cent. et 15 cent. — De la même gare un autre funiculaire conduit à Saint-Just, où il aboutit à la gare terminus de la ligne de Mornant et Vaugneray.

Avant de monter à Fourvière, on visitera avec intérêt, au N. de la gare du funiculaire, PLACE SAINT-JEAN, la CATHÉDRALE ou ÉGLISE PRIMATIALE **Saint-Jean,** construite du XIIᵉ au XVᵉ s. A dr. de sa façade (du XIVᵉ s.), est la MANÉCANTERIE (maison des chantres), qui présente une remarquable façade du XIIᵉ s. L'intérieur de la cathédrale présente un mélange de styles roman et gothique, on y admire de superbes VITRAUX anciens des XIIIᵉ et XIVᵉ s. A dr., la CHAPELLE SAINT-LOUIS (XVᵉ s.) retient l'attention. A g., on admire, dans la 5ᵉ chapelle, un RETABLE du XVIᵉ s. ; du même côté se trouve une HORLOGE ASTRONOMIQUE (XVIᵉ et XVIIᵉ s.). Aux extrémités du maître-autel sont placées deux croix processionnelles, datant du 2ᵉ concile œcuménique de Lyon (1274).

Fourvière doit son nom à un forum romain (FORUM VETUS) construit par Trajan (IIᵉ s.), et détruit en 840. Une chapelle y fut édifiée en 1643, à la place d'un oratoire, à la suite d'un vœu des échevins de Lyon, pour préserver de la peste leur cité. Ce vœu est figuré dans le fronton de la basilique ainsi que celui fait, en 1800, par l'archevêque de Lyon, dans le but de préserver de l'invasion la ville.

La **nouvelle Basilique,** construite de 1872 à 1884, sur les plans de P. Bossan, pour accomplir ce dernier vœu, se trouve accolée à l'ANCIENNE CHAPELLE, dont le clocher, haut de 28 mèt., est surmonté d'une statue de la Vierge en bronze doré.

De style byzantin et sicilien, le monument, long de 86 mètres et large de 35, offre une décoration extrêmement riche. Il est flanqué aux angles de quatre tours octogonales, de 38 mètres de haut., surmontées de croix dorées de 12 m. 90. A l'Est, vers Lyon, l'abside est entourée d'une galerie-terrasse formée de colonnes de granit rose d'Italie et de pilastres en porphyre de l'Estérel. La façade principale, au couchant, comporte un immense portique avec quatre superbes colonnes monolithes, hautes de 8 m. 20, en granit. Au milieu du perron, dont les 22 marches donnent accès à la basilique, s'ouvre l'entrée de la CRYPTE, consacrée à saint Joseph.

Cette crypte, qui règne sous toute l'église, communique avec celle-ci sur la nef latérale du Sud, par un bel escalier en marbre rouge poli. Les voûtes, hautes de 9 m. 50, sont supportées par des piliers carrés, flanqués de 38 colonnes cannelées. On y remarque de belles mosaïques, le revêtement du chœur et une statue monumentale de saint Joseph.

L'intérieur de l'ÉGLISE présente une grande et deux petites nefs de même hauteur (27 mèt.), divisées par huit groupes de deux colonnes en marbre bleu de Savoie, avec socles et chapiteaux en marbre de Carrare. Les trois coupoles de la grande nef, de même que les murs, sont recouverts d'immenses compositions en mosaïque. Le cœur a dix colonnes en marbre rouge avec chapiteaux dorés.

L'autel, composé de matériaux précieux, est orné d'une statue de la Vierge immaculée.

La tour S.-E. a un BOURDON de 2 m. 22 de diamètre, pesant 7.500 kilos, et la tour S.-O., un carillon de treize cloches, pesant ensemble 7.375 kilos.

Dans la tour N.-E., un escalier de 215 marches conduit à la galerie supérieure, que couronne une statue en cuivre repoussé, haute de 4 m. 10, qui figure saint Michel terrassant le dragon. De là, par un escalier en fer de 67 marches, on accède à l'OBSERVATOIRE DE LA BASILIQUE (50 centimes), située à 340 mèt. d'altitude ; 48 mèt. au-dessus de la grande terrasse ; 170 mèt. au-dessus de la ville. On y trouve une table d'orientation peinte sur lave émaillée, qui, sur une circonférence de 27m50, donne toutes les indications nécessaires pour reconnaître les détails du splendide panorama embrassant une étendue de plus de 200 kilomètres de rayon. La vue comprend notamment, du N. à l'E., le Mont-d'Or, la Bresse, derrière laquelle se dresse le Jura, le Bugey et la chaîne des Alpes que domine la colossale croupe neigeuse du Mont-Blanc à 160 kilomètres vers l'Est, et le massif du Pelvoux, plus au S. ; enfin, sur la rive dr. de la vallée du Rhône, le massif du Pilat, et vers le N.-O. les montagnes du Beaujolais.

A peu de distance de la Basilique s'élève, au N., une sorte de tour Eiffel, en réduction, haute de 85 mèt. Cette TOUR MÉTALLIQUE est pourvue d'un ascenseur (1 fr.) desservant une plate-forme (376 mèt. d'altitude) d'où l'on jouit d'une magnifique vue panoramique.

Du pied de la tour, on peut regagner Lyon en descendant par le PASSAGE GAY (5 cent.), où se trouvent de nombreux vestiges de l'époque romaine, pour aboutir près de la gare du funiculaire de Saint-Paul à Fourvière (20 cent. et 10 cent.), correspondant à cette station avec la petite voie ferrée desservant le cimetière de Loyasse (15 cent.).

De la Basilique, on peut encore descendre à l'E. au-dessous de l'Eglise, par le PASSAGE DU ROSAIRE (5 cent.), tracé en la-

cets dans un petit parc ombragé, pour aboutir directement
par la montée des Chazeaux, comptant 242 marches, à la rue

LYON. — MONUMENT CARNOT

de la Bombarde et au PALAIS DE JUSTICE, sur la rive dr. de la
Saône.

A l'angle N.-E. de la place Bellecour, la rue de la
République, une des plus belles voies de Lyon, conduit
place de la République, en laissant à g. la rue des
Archers, où se trouve, à l'angle de la rue de l'Hôtel-de-
Ville, le bureau principal de la *Poste*. A l'extrémité de
la rue des Archers est édifié le **Théâtre des Céles-
tins** (comédie, drame, opérette).

La *place de la République* est décorée d'un monument érigé à la mémoire du **Président Carnot**, assas-
siné le 24 juin 1894, en sortant du Palais de la Bourse.
Une pyramide de 18 m. de haut le domine. A dr. se voit
l'*Hôtel-Dieu*, fondé au VIe s. par le roi Childebert.

En continuant de remonter la rue de la République,
on laisse à dr., place des Cordeliers, l'*église Bonaven-
ture*, commencée en 1325, puis on longe le **Palais de la**

Bourse et du Commerce un des plus beaux monuments de la ville, édifié de 1855 à 1860, dans un style rappelant celui de la Renaissance.

Un très important MUSÉE HISTORIQUE DES TISSUS (public les dimanches, jeudis et jours fériés, de 11 h. à 4 h.) occupe le second étage. On y accède par la façade N. (côté de la place de la Bourse). — Une bibliothèque spéciale y est adjointe (ouverte les mardi, mercr., vendr. et sam., de 11 h. à 4 h., et tous les jours, sauf le lundi, de 7 à 9 h. 1/2 du soir).

Un peu plus haut, à dr., la rue Gentil possède au n° 27, dans le *Lycée Ampère*, la Bibliothèque de la Ville (150.000 vol. et 2.250 manuscrits environ), ouverte, sauf les jours fériés, de 10 h. à 6 h. (de midi à 5 h. en hiver).

Sur la *place de la Comédie*, où aboutit la rue de la République, se trouve, à l'E., le **Grand-Théâtre** (grand opéra, opéra comique), entouré d'arcades.

Au N.-E. de la place de la Comédie, par la rue Puits-Gaillot, on contourne le Grand-Théâtre pour atteindre, sur

LYON. — PALAIS DE LA BOURSE

la rive dr. du Rhône, la place Tolozan, décorée d'une STATUE DU MARÉCHAL SUCHET.

Un FUNICULAIRE, ayant son terminus inférieur PLACE

CROIX-PAQUET, au N.-O. de la place Tolozan, dessert la CROIX-ROUSSE (V. ci-dessous).

On franchit le Rhône sur le PONT MORAND, pour gagner le quartier aristocratique des **Brotteaux,** s'étendant au N. du quartier populeux de **la Guillotière,** sur la rive g. du fleuve, où se trouvent : l'ECOLE DE SANTÉ MILITAIRE, les BATIMENTS UNIVERSITAIRES (Facultés des Sciences, de Médecine, de Pharmacie, de Droit et des Lettres), et la PRÉFECTURE.

En face du pont Morand, et au delà de la place, le cours Vitton, continuant le cours Morand, aboutit à la **gare des Brotteaux** (ligne de Genève).

LYON. — EMBARCADÈRE DU LAC

De la gare des Brotteaux, par le boulevard du Nord, mais mieux de la place Morand par le quai de l'Est et l'avenue du Parc, on accède au magnifique **parc de la Tête-d'Or,** s'étendant au N. des Brotteaux, le long de la rive g. du Rhône, sur 114 hectares.

Devant l'entrée du Parc, le MONUMENT DES ENFANTS DU RHONE a été érigé en mémoire de la défense nationale.

Le parc, créé en 1857, comprend deux parties : la promenade proprement dite, avec bois, gazons et charmant lac de 17 hectares, sur lequel évolue une flottille de canots ; la seconde partie, ayant un caractère scientifique, possède un jardin botanique, un jardin alpin, des serres, dont une consacrée aux plantes aquatiques, une grande volière, des espaces clôturés où sont parqués daims, cerfs, gazelles, ours, etc.

En face de l'entrée du Parc, rue Duquesne, 68, se trouve l'OLYMPIA (concerts, pièces à spectacle, etc., en été), appartenant au même propriétaire que le CONCERT DE L'HORLOGE, ouvert en hiver, cours Lafayette, 139.

A l'O. de la place de la Comédie, on contourne à g.,

LYON. — HOTEL DE VILLE

par la rue Puits-Gaillot ou la rue Lafont, l'Hôtel de Ville dont la façade principale est place des Terreaux.

La place des Terreaux, la plus importante de Lyon avec la place Bellecour, a été le théâtre du supplice de Saint-Mars et de Thou, en 1642. Depuis 1892, elle est décorée de la splendide **Fontaine de Bartholdi**, en plomb repoussé, représentant les fleuves qui se précipitent vers l'Océan.

A l'E. de la place des Terreaux, l'**Hôtel de Ville**, construit de 1646 à 1670 et restauré en 1853, présente à son fronton une statue équestre d'Henri IV. (S'adresser au concierge pour visiter l'intérieur du monument que domine de 50 mèt. la tour de l'Horloge.) On visite notamment : la grande salle des fêtes, garnie de tapisseries des Gobelins, le salon Louis XIII, la salle des Echevins décorée d'un plafond Henri II, etc.

Au S. de la place, le **Palais des Arts** ou PALAIS SAINT-PIERRE, est ouvert de 9 h. à 11 h. 1/2 le matin, et de 1 h. à 4 h. le soir, du 1er octobre au 31 mars, et jusqu'à 5 h. du soir le reste de l'année, les lundis et samedis exceptés (les étrangers sont admis tous les jours en s'adressant au concierge). Ancienne abbaye de Bénédictines, ce monument, édifié de 1659 à 1680, contient de magnifiques collections d'art et d'histoire naturelle.

Sous les portiques, entourant une vaste cour (ancien cloître), se trouve le **Musée épigraphique.**

Au fond de la cour, à dr., le **Musée de Sculpture** comprend trois salles.

Au fond de la cour, à g., la GALERIE DES BUSTES, consacrée aux illustrations locales, est l'ancienne salle à manger du couvent.

Au 1er étage est la **Salle des Antiques,** comprenant : le CABINET DES MÉDAILLES, riche de plus de 30.000 pièces ; le MUSÉE DES ANTIQUES, conservant, entre autres, les TABLES DE BRONZE DE L'EMPEREUR CLAUDE ; le MUSÉE DU MOYEN AGE ET DE LA RENAISSANCE. La **Bibliothèque,** créée en 1831, renferme 100.000 volumes, 400 manuscrits, etc.

Les ailes E. et S. des 1er et 2e étages du Palais sont occupées par le **Musée de peinture,** le plus riche des musées de province. Son escalier monumental se signale par 4 compositions de Puvis de Chavannes, dont l'une, le BOIS SACRÉ CHER AUX MUSES, est particulièrement admirée.

Le **Muséum** occupe une partie du 1er étage (MINÉRALOGIE ET GÉOLOGIE) et du 2e étage (ZOOLOGIE). Cette dernière collection, extrêmement remarquable, possède un mammouth trouvé à Lyon en 1853 ; la galerie qui lui est consacrée a pour complément une GALERIE D'ANTHROPOLOGIE, réputée pour ses collections des âges du bronze et de la pierre.

A l'O. de la place des Terreaux, la rue d'Algérie conduit à la Saône, en face du pont de la Feuillée, par lequel on accède directement à la GARE SAINT-PAUL (ligne de Montbrison), et à la gare SAINT-PAUL du funiculaire de Fourvière et Loyasse, en laissant à g., sur le quai de Bondy, le PALAIS DES EXPOSITIONS, contenant le CONSERVATOIRE DE MUSIQUE.

Au N.-O. de la place des Terreaux, à dr. de l'entrée de la rue d'Algérie, la RUE TERME conduit à la gare inférieure de la FICELLE DE LA CROIX-ROUSSE (10 cent.), funiculaire desservant 72 mèt. plus haut, avec un parcours de 486 mèt., la gare de la ligne de Sathonay-Bourg, en même temps que le vaste quartier de la **Croix-Rousse,** construit sur le haut plateau qui s'étend au N. de la ville, entre le Rhône et la Saône.

A l'O. du Palais des Arts débouche, sur la place des

Terreaux, la rue Paul-Chenavard, où se trouve, derrière le Palais, l'*église Saint-Pierre* (portail du IXe s.). Plus bas, dans la même rue, à l'entrée de la *rue Centrale* qui la continue, l'**église Saint-Nizier**, cathédrale primitive de Lyon, présente un portail du XVIe s. encadré de

LYON. — ÉGLISE SAINT-NIZIER

deux tours, dont l'une, celle de g. est du XVe s. comme le reste de l'église. Sous le chœur, on visite une *crypte* du VIe s. ornée de mosaïques.

Contournant l'église Saint-Nizier, on atteint, derrière elle, la *rue de l'Hôtel-de-Ville*, par laquelle on gagne, au S., avant de déboucher sur la place Bellecour, la *place des Jacobins*, ornée d'une *fontaine* monumentale en marbre, avec statues des lyonnais G. Audran, G. Coustou, Phil. Delorme et Hipp. Flandrin.

Les archéologues visiteront encore avec intérêt les cours de curieuses maisons des XVIe et XVIIe s., existant dans le voisinage de la place des Jacobins, notamment *rue Mercière* (à l'angle N.-O. de la place des Jacobins), et *rue de la Monnaie* (faisant communiquer la rue Mercière avec le quai Saint-Antoine).

LYON. — FONTAINE DES CORDELIERS

Du quai Saint-Antoine, ils pourront aussi visiter d'autres maisons non moins intéressantes sur la rive dr. de la Saône, notamment dans les *rues Saint-Jean* et *du Bœuf*, parallèles au quai de l'Archevêché.

Les quais de Lyon méritent une mention spéciale. Longs de près de 30 kilomètres, ils ne comportent pas moins de 21 ponts (12 sur la Saône et 9 sur le Rhône), non compris ceux des chemins de fer. Presque entièrement plantés d'une double rangée d'arbres, ils offrent de charmantes promenades.

Environs de Lyon. — Centre de grandes excursions, exceptionnellement bien desservi dans toutes les directions par des voies ferrées, Lyon offre également, dans ses environs immédiats, de jolis buts de promenades, au nombre desquels on doit signaler tout spécialement :

1° **L'Ile Barbe,** à 6 kil., accessible par le tramway de Neuville, ou mieux en bateau, par la Saône.

2° **Aqueducs romains de Bonnant,** à 3/4 d'heure d'Oullins (tramway), par la vallée de l'Yzeron.

3° **Charbonnières** (eau ferrugineuse, casino), à 9 kil., sur la ligne de Montbrison.

4° Le massif du **Mont-d'Or** (à 8 kil. environ de Lyon, tramw. de Saint-Cyr), dont le plus haut sommet, le MONT-VERDUN (625 mèt.), est occupé par des fortifications.

DE LYON A GRENOBLE

512 kil. de Paris à Lyon. (V. pages 10-11.)

Au sortir de la gare de Perrache, on franchit le Rhône, dont la ligne de Marseille par Valence continue à suivre la rive gauche en descendant au Sud, tandis

PONT-DE-BEAUVOISIN EN 1543

que la ligne de Grenoble bifurque bientôt vers l'Est, où le Mont-Blanc continue à captiver le regard.

(554 kil.) *Bourgoin* (buvette : brioches de Bourgoin renommées), ville industrielle et siège du tribunal de l'arrondissement de (568 kil.) *La Tour-du-Pin* (buvette).
— (576 kil.) **Saint-André-le-Gaz** (B.), bifurcation

de la ligne de Chambéry par *Pont-de-Beauvoisin*, ville divisée en deux chefs-lieux de canton, l'un appartenant à l'Isère, l'autre à la Savoie, par le Guiers-Vif descendu du massif de la Grande-Chartreuse. Le pont qui les réunit a été construit sous François Ier.

Dans la direction du Sud apparaît la chaîne de Belledonne, au pied de laquelle se trouve Grenoble. — (583 kil.) *Virieu-sur-Bourbre*, dans un long bassin verdoyant, est séparé du lac de Paladru, à l'Est, par des collines boisées, tandis que la voie ferrée s'élève au-dessus du château de Pupetière, où Lamartine composa sa méditation « Le Vallon ». Près de (591 kil.) *Châbons*, dans un lac que l'on côtoie, ce poète faillit se noyer.

Parvenu à 518 mètres d'altitude, le chemin de fer quitte la vallée de la Bourbre pour descendre dans celle de l'Isère.

(594 kil.) *Le Grand-Lemps.*

Tramways à vapeur pour Vienne, par Saint-Jean-de-Bournay, et, pour Charavines (lac de Paladru), par Apprieu. (Trajet en 55 min.: 1 fr. 10 et 0 fr. 75 ; Voir ci-dessous à Voiron.)

Les hautes falaises du Villard-de-Lans et de la Grande-Chartreuse sont séparées au S.-E. par la coupure qui ouvre passage à l'Isère et que dominent, dans le lointain, les crêtes neigeuses du massif de Belledonne.

(596 kil.) **Rives** (buvette), embranchement de la ligne de Saint-Rambert-d'Albon, possède des papeteries renommées, des aciéries et de nombreux métiers de soie alimentés par la Fure, déversoir du lac de Paladru.

(607 kil.) **Voiron** (290 m. d'alt.), traversé par la Morge, s'étend au pied de la Roche de Vouise (735 m. d'alt.) que surmonte une statue de la Vierge. Sa prospérité industrielle, acquise au XVIIIe siècle par l'industrie des toiles et des draps, s'est développée par la création de tissages de soie, de fabriques de liqueurs, de papeteries, etc., de telle sorte que plus de 10.000 personnes y sont employées et qu'elle possède, depuis 1886, une Ecole nationale professionnelle.

De la gare, on accède, par la rue de la Gare et la rue Montgolfier, à la place de la République décorée d'une fontaine monumentale et près de laquelle se trouve l'église Saint-Bruno, de style ogival du XIIIe siècle, achevée en 1873. L'escalier de la façade recouvre la

Morge. Sur le portail central, on remarque une statue de femme personnifiant la ville de Voiron et une statue du Christ Enseignant, par P. Virieux, de Grenoble. Les deux tours se terminent heureusement par des flèches de 67 mètres de hauteur, accotées de quatre clochetons.

Au-dessus de la ville, le château de Barral sert de petit séminaire diocésain; il offre une vue superbe sur

la vallée de l'Isère, les montagnes du Royans et de la Chartreuse, entre lesquelles apparaît la chaîne de Belledonne, étincelante de neiges éternelles.

De nombreuses excursions sont à recommander autour de Voiron :

1° **Saint-Laurent-du-Pont** et la **Grande-Chartreuse**.

2° **Notre-Dame-de-Vouise** et le **Mont-Tolvon** présentent de remarquables points de vue panoramiques. Trois heures de marche, aller et retour, sont nécessaires pour faire cette excursion, en suivant la rue des Quatre-Chemins, la rue des Orphelines et la montée de la Martellière, aboutissant à Orgeoise, puis le calvaire du chemin de la Caux, qui conduit à la ROCHE-DE-VOUISE (735 mèt. d'alt.), surmontée d'une tour servant de piédestal à une statue de la Vierge. On gagne, vers l'Est, par un chemin, Vouise, d'où l'on gravit le MONT-TOLVON (657 mèt. d'alt.) que couronnent les ruines d'un château des Comtes de Savoie. La descente sur Voiron s'effectue par la vallée de la Morge.

3° Le **Défilé du Bret,** très pittoresque passage, permettant de rejoindre directement, par le joli lac de Saint-Julien-de-Ratz et le col de la Placette, la route de Grenoble à la Grande-Chartreuse par Voreppe, est surtout accessible par la station de la Croix-Bayard, du chemin de fer de Saint-Laurent-du-Pont.

4° **Charavines** et **le Lac de Paladru.** — Le tramway à vapeur de Charavines (lac de Paladru) a son point terminus sur le même quai de la gare P.-L.-M., de Voiron, que le tramway de Saint-Laurent-du-Pont (Grande-Chartreuse), mais au Nord de ce dernier. Ses 17 kilomètres sont parcourus en 1 h. Les billets (1 fr. 25, 0 fr. 90) sont distribués dans le train. —

LE LAC DE PALADRU

Après avoir passé sous la voie P.-L.-M., les trains ont leur première halte cours Sénozan, une des plus belles promenades de Voiron. La ligne traverse le faubourg de Sermorens, le Picheras, et débouche dans le vallon de (5 k.) Saint-Cassien, d'où la vue s'étend sur la Roche de Vouise et la vallée de l'Isère. Le panorama se présente dans toute sa splendeur au delà de (7 kil.) RÉAUMONT. En quittant (9 kil.) LA MURETTE (435 m. d'alt.), on gagne la vallée de la Fure, au débouché de laquelle se trouve (12 kil.) la station des QUATRE-CHEMINS ou de LA RAVIGNHOUSE, bifurcation du tramway à vapeur de Vienne par le Grand-Lemps. (V. **page** 27.)

On s'engage alors dans la gorge verdoyante de la Fure, où se succèdent d'importantes usines, papeteries, tissages de soie, taillanderies, scieries. — (13 kil.) LES TROIS-ARRONDIS-SEMENTS. — (14 kil.) GUILLERMET. Vers l'Est, apparaît la Tour pentagonale de Clermont, vestige du berceau des Clermont-Tonnerre. — (17 kil.) **Charavines-les-Bains,** à 500 mèt. au Sud du **lac de Paladru,** qui s'étend sur 6 kil. 1/2 de long et 1 kil. 200 de large, à 494 m. d'alt. Les rives du lac, gracieusement accidentées, offrent de charmants paysages et sont côtoyés par une route desservant (7 kil.) **Paladru-les-Bains,** à l'extrémité Nord du lac. Baigneurs et villégiatureurs viennent nombreux dans ces deux stations d'été.

Des vestiges d'habitations préhistoriques lacustres se remarquent sur plusieurs points du rivage.

A 7 kil. de Charavines, la CHARTREUSE DE LA SILVE-BÉNITE, fondée en 1160, est un rendez-vous de chasse d'où l'on jouit

VOREPPE. — MONTAGNE DU CHALAIS

d'une vue fort étendue sur le Mont-Blanc et les Alpes Dauphinoises.

La voie ferrée, dominant la rive gauche de la vallée de la Morge, descend de 96 mètres sur un parcours de 7 kilomètres, pour se rapprocher du niveau de la vallée de l'Isère.

(614 kil.) *Moirans* (buvette), embranchement de la ligne de Valence. A gauche se dressent les derniers contreforts du massif de la Grande-Chartreuse, et, à droite, la Dent-de-Moirans, au pied de laquelle se voient les carrières de pierre de taille renommées de l'Echaillon. On s'engage alors dans le profond et, relativement, large défilé parcouru par l'Isère.

(619 kil.) *Voreppe.* — (626 kil.) *Saint-Egrève-Saint-Robert.* La vallée s'élargit, pendant, qu'à droite, la gorge du Furon débouche sur le bourg de Sassenage, et, qu'à gauche, s'ouvre le vallon de la Vence, dominé par la

cime de Chamechaude (2.087 mèt. d'alt.), point culminant des montagnes de la Grande-Chartreuse. Egalement à droite se dresse la crête formidable du Néron, puis, parallèlement à celle-ci, la croupe du Mont-Rachais, à l'extrémité sud de laquelle se montrent les ouvrages militaire de la Bastille et de Rabot, dominant Grenoble. Au delà de l'Isère, que l'on franchit, la chaîne neigeuse de Belledonne captive le regard, tandis qu'à l'ouest, le Moucherotte (1,906 mèt. d'alt.), limite l'horizon.

(632 kil.) **Grenoble** (B.) (V. page 38.)

DE MARSEILLE A GRENOBLE
1° PAR VALENCE

Cet itinéraire, bien que plus long (de 37 kil.) que celui passant par Veynes, exige 3 h. de moins ; ses 342 kil. s'effectuent en 6 h. 20. (Prix : 38 fr. 40, 25 fr. 95, 16 fr. 95.)

Au delà de (86 kil.) *Arles* (B.) et de (100 kil.) *Tarascon* (B.), bifurcation de la ligne de Cette, les trains rapides venant de Marseille ont leur premier arrêt à (121 kil.) **Avignon** (B.), dont on aperçoit le Palais des Papes et la pittoresque Enceinte du XIVe siècle. — (140 kil.) *Orange* (buvette). — (201 kil.) *Montélimar* (B.).

(228 kil.) *Livron* (B.), sur la rive gauche de la Drôme; embranchement de la ligne de la Voulte-Privas et de celle de Die-Aspres-sur-Buëch-Briançon.

Cette dernière ligne est particulièrement intéressante pour les voyageurs du Midi désireux de visiter les montagnes du Vercors, du Royans et du Haut-Dauphiné, sans passer par Valence ou Grenoble.

Elle remonte la vallée de la Drôme, par (18 kil.) CREST, que domine un colossal donjon du XIIe s. — (22 kil.) AOUSTE, à proximité de la curieuse nef rocheuse de la FORÊT DE SAOU, longue de 13 kil., qui se dresse sur la rive g. de la Drôme. Sur la rive dr. se jette la Garvanne, descendue des GORGES D'OMBLÈZE. — (33 kil.) SAILLANS. — (47 kil.) PONTAIX.

(54 kil.) **Die,** en dehors de ses intéressants vestiges de l'époque romaine, de sa cathédrale (porche du XIe s.) et de plusieurs anciennes maisons, mérite d'attirer les touristes par les excursions dont elle est le centre. Elle possède, dans ses environs, au MARTOURET et à SALLIÈRES-LES-BAINS, des établissements de bains de vapeur térébenthinée au pin Mugho, dont l'efficacité est fort appréciée.

L'ascension du GLANDASSE (2.045 mèt.) par la pittoresque VALLÉE DU ROMEYER, celle du MONT-JUSTIN, et la promenade à l'ABBAYE DE VALCROISSANT sont particulièrement recommandées, ainsi que la traversée du COL DU ROUSSET (1.330 mèt. d'alt.), par lequel une route carrossable permet de rejoindre, à travers le Vercors, l'itinéraire des gorges de la Bourne et des Goulets, entre Pont-en-Royans et le Villard-de-Lans.

(65 kil.) CHATILLON, dont on peut remonter la vallée pour rejoindre directement, soit à Clelles, par le col de Menée, soit à Lus-la-Croix-Haute, par le col de Grimone, la ligne de Veynes à Gap.

(73 kil.) LUC-EN-DIOIS, au-dessous de l'éboulement du CLAPS, formé au XVᵉ s. — (87 kil.) BEAURIÈRES, à l'entrée du tunnel du COL DE CABRE, long de 3.747 m., par lequel on débouche dans le bassin de la Durance. — (96 kil.) LA BEAUME. — (108 kil.) ASPRES-SUR-BUËCH, bifurcation de la ligne de Grenoble à Veynes.

(246 kil.) **Valence** (B.), à la bifurcation des lignes de Grenoble et de Lyon, possède, entre autres monuments intéressants, sa *Cathédrale* (du XIᵉ s.), le *Pendentif* et la *Maison des Têtes*. Sur la rive droite du

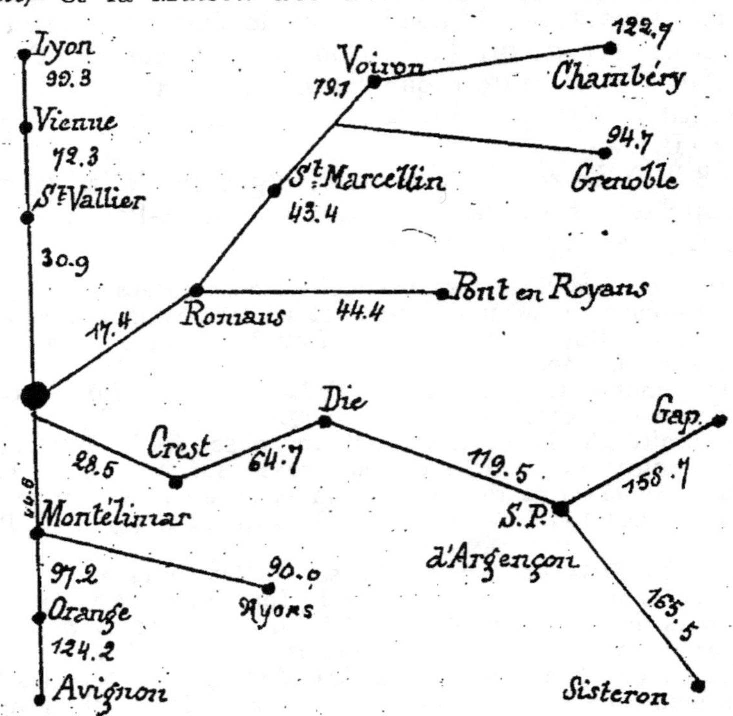

Carte des distances kilométriques par route des environs de **Valence**
(H. Dolin)

VALENCE

Rhône, les ruines du château de Crussol, dressées sur une falaise escarpée, au-dessus de Saint-Péray, attirent l'attention.

Laissant à g. la ligne de Vienne-Lyon, on franchit l'Isère avant d'atteindre (265 kil.) *Romans;* cette ville industrielle conserve une fort belle église du XIIIᵉ s., *Saint-Barnard.*

Sur la rive opposée de l'Isère, le BOURG-DE-PÉAGE est le point de départ de plusieurs tramways à vapeur, notamment de la ligne de (34 kil.) SAINTE-EULALIE-EN-ROYANS, par SAINT-NAZAIRE-EN-ROYANS, SAINT-JEAN-EN-ROYANS et SAINT-LAURENT-EN-ROYANS, desservant la forêt de Lente et les Goulets.

(282 kil.) *Saint-Hilaire-Saint-Nazaire* est le point de départ des excursions dans les montagnes du Royans, dont on aperçoit, dominant la large plaine de l'Isère, les escarpements profondément entaillés par les gorges étroites où s'écoulent les torrents du Vercors, la Bourne, la Vernaison, etc.

Des voitures publiques (85 centimes), conduisent à (11 kil.) PONT-EN-ROYANS. De là, des cars-alpins permettent de gagner Grenoble, en été, par les gorges de la Bourne et le Villard-de-Lans.

(294 kil.) *Saint-Marcellin.*

Des voitures publiques (75 centimes) conduisent (11 kil.) à
SAINT-ANTOINE, qui possède une ABBAYE avec ÉGLISE très
remarquable des XIIIᵉ et XIVᵉ s.

En été, des services de cars-alpins permettent d'aller, par
les Petits et les Grands-Goulets, les gorges de la Bourne et le
Villard-de-Lans, à Grenoble.

Sur un rocher, dominant la rive g. de l'Isère, se dressent les
ruines du château de BEAUVOIR, que Humbert II se réserva,
lors de son abandon du Dauphiné à la France, en 1343.

(303 kil.) *Vinay*, à 4 kil. du pèlerinage de *Notre-
Dame-de-l'Osier* (omnibus, 1 fr.).

L'ABBAYE DE SAINT-ANTOINE

(307 kil.) *L'Albenc*, en face de *Saint-Gervais*, situé,
sur la rive gauche de l'Isère, au pied des escarpements à
travers lesquels est ouverte, en encorbellement, la route
des *Ecouges*, dans la gorge du torrent de Drevennes,
pour aboutir, par le col de Romeyère, à (24 kil.) *La
Balme*, dans la vallée de la Bourne.

(312 kil.) *Poliénas*, entouré de noyers aux fruits renommés, ainsi que (317 kil.) le bourg de *Tullins*, à
1 kil. 1/2 duquel la source bicarbonatée sodique de *Fures*,
analogue aux eaux de Vichy et d'Evian, est employée
en bains et en boisson.

(320 kil.) *Vourey*, et (323 kil.) *Moirans* (buvette),

embranchément de la ligne de Lyon à Grenoble. (V. page 31, la description de la ligne de Moirans à (342 kil.) **Grenoble**). (V. page 38.)

2° PAR VEYNES

Cet itinéraire exige 9 h. 1/2, pour un parcours de 305 kil. (Prix : 34 fr. 25 ; 23 fr. 15 ; 15 fr. 15.)

Ses stations principales sont : (29 kil.) *Aix* (B.). — (62 kil.) *Pertuis* (B.), bifurcation d'Avignon, avant laquelle on franchit la Durance. — (129 kil.) *Saint-Auban* (B.), embranchement de la ligne de Digne et Saint-André, qui permettra, prochainement, d'accéder directement, par Puget-Théniers, à Nice. — (146 kil.) *Sisteron*, édifié au Sud d'une barre rocheuse dressée perpendiculairement au lit de la Durance, de même que (180 kil.) *Serres*. — (196 kil.) **Veynes** (B.), bifurcation des lignes de Briançon et de Grenoble.

De Veynes à (305 kil.) **Grenoble,** le parcours de la ligne est fort intéressant.

GRENOBLE

C'est à très juste titre que Grenoble a mérité d'être qualifié la « Reine des Alpes françaises ». Il est impossible de ne pas être séduit par la vue de son merveilleux cadre de montagnes qui partent du pied de la cité même et vont s'étageant de cime en cime jusqu'à la dernière, dont la mince silhouette. blanche d'une neige éternelle, se détache sur le fond de l'horizon.

Autour de Grenoble, les importantes stations thermales d'Uriage, Allevard, La Motte-les-Bains; les délicieux centres d'excursions ou de villégiature tels que le Sappey, Saint-Pierre-de-Chartreuse, Villard-de-Lans, Monestier-de-Clermont, Bourg-d'Oisans, La Grave, Le Lautaret, Saint-Christophe-en-Oisans présentent un choix de stations répondant aux exigences les plus diverses.

Quant aux touristes et aux alpinistes, ils trouvent, dans les environs mêmes de Grenoble, un nombre infini soit de promenades, soit d'ascensions pouvant satisfaire, par leur variété, à toutes les aptitudes et à tous les goûts, tandis que les cyclistes et les chauffeurs jouissent d'un réseau de routes remarquables à tous égards.

Il est enfin à noter qu'au point de vue des *sports d'hiver*, Grenoble est admirablement doté. Sans parler de sa superbe patinoire, installée dans les meilleures conditions de sécurité, de confortable et d'espace à l'étang Brun, près du Polygone, et desservie par les tramways électriques des Abattoirs, les amateurs de ski, de luge, de bobsleigh et de toboggan, ont, autour de Grenoble, des espaces admirablement appropriés, notam-

GRENOBLE. — LE PONT DE LA PORTE-DE-FRANCE ET L'ESPLANADE

Phot. Piccardy

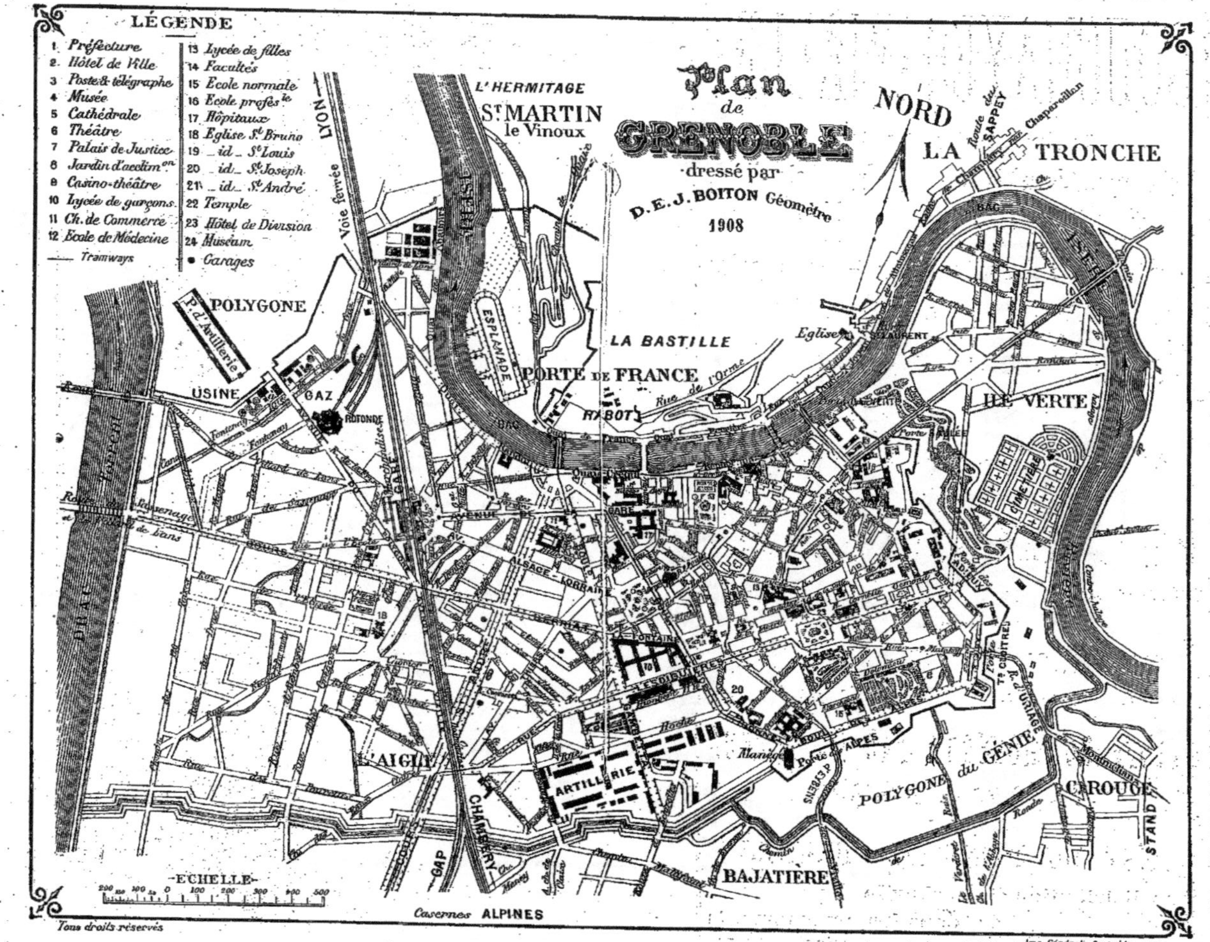

LÉGENDE
1. Préfecture
2. Hôtel de Ville
3. Poste & télégraphe
4. Musée
5. Cathédrale
6. Théâtre
7. Palais de Justice
8. Jardin d'acclim.on
9. Casino-théâtre
10. Lycée de garçons
11. Ch. de Commerce
12. École de Médecine
13 Lycée de filles
14 Facultés
15 École normale
16 École profes.le
17 Hôpitaux
18 Église S.t Bruno
19 — id. — S.t Louis
20 — id. — S.t Joseph
21 — id. — S.t André
22 Temple
23 Hôtel de Division
24 Muséum
— Tramways
• Garages
Plan de GRENOBLE
dressé par
D. E. J. BOITON Géomètre
1908
NORD
L'HERMITAGE
St MARTIN le Vinoux
LA TRONCHE
Route du SAPPEY
Chaparcillan
LA BASTILLE
PORTE DE FRANCE
Église St LAURENT
Rue de l'Orme
RABOT
BAC
ILE VERTE
CIMETIÈRE
POLYGONE
P. d'Artillerie
USINE
GAZ
ROTONDE
DRAC
Torrent
Voie ferrée
LYON
ISÈRE
ESPLANADE
ALSACE-LORRAINE
L'AIGLE
CHAMBERY
GAP
ARTILLERIE
SUS913 P
Poste des ALPES
POLYGONE du GÉNIE
CAROUCE
STAND
BAJATIÈRE
Casernes ALPINES
ÉCHELLE
200 100 0 100 200 300 400 500
Tous droits réservés
Imp. Générale Grenoble. 258

ment à Saint-Martin-d'Uriage, au Sappey, au Villard-de-Lans et au Monestier-de-Clermont.

Ancienne capitale du Dauphiné, et maintenant ch.-l. du département de l'Isère, Grenoble compte environ 70.000 habitants. Primitivement petit village allobroge, appelé CULARO, et blotti sur la rive droite de l'Isère, au pied des escarpements

GRENOBLE. — AVENUES DE LA GARE ET D'ALSACE-LORRAINE

que jalonnent les fortifications de Rabot et de la Bastille, il s'étend, à l'altitude moyenne de 214 mètres, sur la rive gauche de cette rivière jusqu'au confluent de l'Isère et du Drac.

L'industrie occupe une place considérable à Grenoble. La fabrication de ses gants de peau, dont la réputation est universelle, atteint la production annuelle de 1.200.000 douzaines valant plus de 35.000.000 de francs. Ses fabriques de liqueurs, de chapeaux, etc., ont acquis une renommée méritée, et ses usines de ciment sont connues du monde entier. D'importantes usines métallurgiques et de nombreuses papeteries, utilisant la puissante force motrice des torrents descendus des montagnes voisines emploient une armée d'ouvriers.

Les forces hydro-électriques, fournissant déjà dans le département de l'Isère plus de 30.000 chevaux, prennent sans cesse un essor plus intense.

La ville de Grenoble est ainsi éclairée par l'électricité au moyen d'une usine édifiée à 34 kilomètres, près de Livet, sur la route du Bourg-d'Oisans, où est utilisée, à cet effet, une dérivation de la Romanche.

Grenoble possède un climat salubre et est alimenté par une telle abondance d'excellente eau de source (11 degrés) que chacun de ses habitants en a un millier de litres à sa disposition.

Cette ville doit une grande partie de sa réputation à son Université qui, après Paris, est l'Université de France recevant le plus d'étrangers, grâce à l'action d'un COMITÉ DE PATRONAGE DES ÉTUDIANTS ÉTRANGERS, se chargeant de leur procurer des logements et des pensions, de guider leurs excursions, etc. Les étudiants sont ainsi assurés de trouver à Grenoble un enseignement remarquable au milieu d'une nature magnifique. Pour eux sont organisés, de juillet à octobre, des cours spéciaux ; si bien que non seulement des étudiants proprements dits, mais des professeurs, des amateurs de science et de littérature s'y rendent de toutes les parties du monde. Ils dépassent annuellement le nombre de six cents.

Un SYNDICAT D'INITIATIVE DE GRENOBLE ET DU DAUPHINÉ a été créé spécialement pour faciliter aux étrangers leur séjour et leur visite en Dauphiné. Il donne gratuitement tous les renseignements nécessaires (VOIR PAGES 5 A 8). Il répond par retour du courrier à toute demande de renseignements accompagnés d'un timbre pour la réponse.

Le siège social du Syndicat et le bureau de Renseignements gratuits sont au centre de la ville, à l'angle de la place Grenette, rue Montorge, 2, au rez-de-chaussée d'un coquet local édifié par la Municipalité à l'entrée du Jardin de Ville. Le Bureau est ouvert tous les jours de huit heures à midi et de deux heures à six heures du soir ; le dimanche (du 1er juin au 1er octobre), le matin seulement.

TRAMWAYS ET VOITURES PUBLIQUES

DANS GRENOBLE

Lignes urbaines de tramways électriques.

Point de départ commun : **Place Grenette.** — Prix : 10 centimes avec correspondance.

1º DE LA PLACE GRENETTE A LA GARE P.-L.-M. — (Train toutes les 10 min.) — TRAJET : place Grenette, rue Félix-Poulat, boulevard Edouard-Rey, avenue de la Gare, hémicycle de la gare P.-L.-M.

2º DE LA PLACE GRENETTE AU COURS BERRIAT. — (Train toutes les 5 min.) — TRAJET : place Grenette, rue Félix-Poulat, boulevard Edouard-Rey, place Victor-Hugo (côté Sud), rue Béranger, cours Berriat, pont suspendu du Drac. — Le retour s'effectue de la place Victor-Hugo, par la rue de Bonne à la place Grenette.

3º DE LA PLACE GRENETTE A SAINT-ROCH (cimetière). — (Train toutes les 15 minutes). — TRAJET : place Grenette, rue du Lycée, rue Général-Marchand, place de la Constitution, rue Lesdiguières, Porte des Adieux.

Plusieurs lignes suburbaines de tramways desservent également Grenoble :

1º DE LA PLACE GRENETTE A LA TRONCHE. — (Train toutes les 10 minutes.) — TRAJET : place Grenette, rue du Lycée, rue Alphand, place Sainte-Claire, rue Président-Carnot, rue Frédéric-Taulier, place Lavalette, Pont de la Citadelle, quai Xavier-Jouvin, Porte Saint-Laurent.

2º DE LA PLACE GRENETTE A VOREPPE. — (Train toutes les heures). — TRAJET : place Grenette, rue Félix-Poulat, boulevard Edouard-Rey, place de la Bastille, Pont de l'Esplanade, Porte de France, route de Lyon.

3º DE LA PLACE GRENETTE A SASSENAGE. — (Train toutes les 1/2 heures). — TRAJET : même itinéraire que le train urbain du cours Berriat (V. ci-dessus 2º) jusqu'à la rue Diderot, par laquelle on gagne la route de Sassenage en franchissant le Drac sur le Pont de fer.

4º DE LA PLACE GRENETTE AU PONT-DE-CLAIX. — (Train toutes les 1/2 heures.) — TRAJET : place Grenette, rue Saint-

Jacques, places Vaucanson et de l'Etoile, rue Lesdiguières, rue Turenne, cours Saint-André.

5° DE LA PLACE GRENETTE A EYBENS. — (Train toutes les 1/2 heures.) — TRAJET : place Grenette, rue Saint-Jacques, places Vaucanson et de l'Etoile, rue de Strasbourg, place et Porte des Alpes.

6° DES ABATTOIRS A DOMÈNE. — (Train toutes les heures.) — TRAJET : rue Emile-Gueymard, gare P.-L.-M., avenue de la Gare, boulevard Edouard-Rey (square des Postes), rue Lesdi-

GRENOBLE. — PLACE VICTOR-HUGO

guières, place de la Constitution, rue et place Malakoff, Porte Très-Cloîtres.

7° DE LA GARE P.-L.-M. A URIAGE. — (Train toutes les heures.) — Même trajet que le tram. de Domène (V. 6°), depuis la gare P.-L.-M.

8° DE LA GARE P.-L.-M. OU DE LA PLACE NOTRE-DAME A CHAPAREILLAN. — TRAJET : gare P.-L.-M., rue Championnet, place de la Bastille, quais Créqui, de la République, et Claude-Brosses, place Lavalette, d'où l'on rejoint l'embranchement

venant de la place Notre-Dame par la rue Frédéric-Taulier,
pour gagner, par la Porte de la Saulaie, l'avenue Maréchal-
Randon, le Pont de l'Ile-Verte.

GRENOBLE. — PLACE GRENETTE

STATION DE **Voitures de place** (course 75 cent., heure 1 fr. 75,
pour 3 personnes), GARE P.-L.-M., places Grenette, de la
Halle, Victor-Hugo, Vaucanson, et de la Constitution.

PHARMACIE DU PASSAGE

C. GAYMARD, Pharmacien-Chimiste

3, rue du Lycée, GRENOBLE

(A côté du Lycée de Jeunes Filles)

Aucune Pharmacie ne délivre des Produits et Médicaments meilleurs, plus frais, plus actifs, mieux préparés et à des prix aussi réduits.

TOUTES LES SPÉCIALITÉS — TOUS LES ACCESSOIRES

A des prix défiant toute concurrence.

DEMANDER LE PRIX COURANT GÉNÉRAL

FABRIQUE de LINGERIE
CHEMISERIE ❖ TROUSSEAUX

Spécialité de Lingerie fine brodée à la main

Ancienne Maison BOSSAN
Léon GUERRE, successeur

14, rue Lafayette (à côté du Grand-Hôtel), GRENOBLE

Chemises sur Mesure

Gilets de Flanelle

Caleçons

Faux-Cols

Cravates

Bretelles

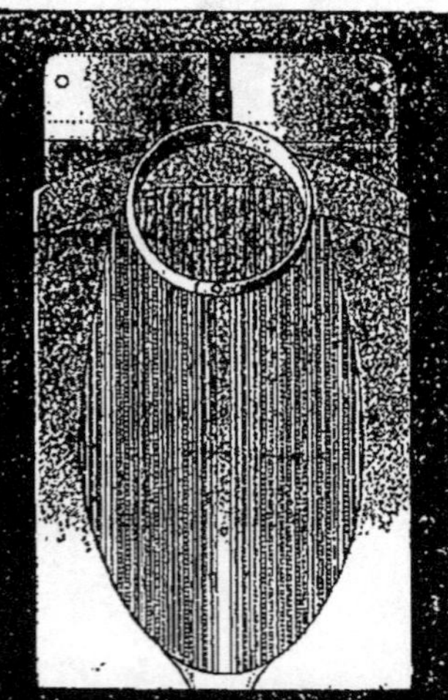

Bas de Cyclistes

Faux-Cols de Sport

Molletières alpines

Chandails

Bonneterie du Dr Rasurel

BÉTON ARMÉ

Concessionnaires du système COULAROU

Mollaret & Cuynat

17, rue Augereau, GRENOBLE

SPÉCIALITÉ de MOULAGES en TOUS GENRES

VISITE DE GRENOBLE

En sortant de la Gare P.-L.-M., on laisse, en face d'elle, l'avenue de la Gare. Un peu à dr., la belle avenue Alsace-Lorraine conduit directement vers le centre de la ville; on traverse le *cours de Saint-André*, large de 42 mètres et planté d'arbres séculaires, qui s'étend en

GRENOBLE. — RUE FÉLIX-POULAT

ligne droite sur plus de 7 kil. 1/2 de long., de l'Isère au Pont-de-Claix.

On coupe bientôt le boulevard Gambetta, sur lequel se trouvent, à g., l'hôtel de la *Chambre de Commerce*, et, à dr., une superbe *Ecole de Natation* (prix : 20 cent.) alimentée abondamment par l'eau des sources de Rochefort.

L'avenue Alsace-Lorraine aboutit à la *place Victor-Hugo*, ornée d'un joli square (statue d'Hector Berlioz, né à la Côte-Saint-André). Autour de cette vaste place, qu'entourent des constructions récentes, apparaissent de tous côtés des cimes du merveilleux cirque alpestre dont quelques silhouettes se dressant toujours dans la pers-

GRENOBLE. — LE PALAIS DE JUSTICE

pective des moindres rues de Grenoble, charment sans cesse le promeneur.

Après avoir longé le côté N. de la place Victor-Hugo, on atteint, par les rues Molière et Félix-Poulat (à dr. église Saint-Louis, de la fin du XVIIe s.), la *place Grenette*, point central et le plus animé de la cité, à proximité de laquelle se trouvent les principaux hôtels. De là, partent, en majeure partie, les tramways et voitures publiques desservant Grenoble et ses environs. (Au S. de la place Grenette, la rue Saint-Jacques conduit rapide-

ment place Vaucanson, à l'*Hôtel des Postes et Télégraphes.)*

Près de l'extrémité N. de la place Grenette, décorée d'un Château d'eau dû au sculpteur grenoblois Sappey, s'ouvre, à l'entrée de la rue Montorge, le passage du Jardin de Ville conduisant au bureau du *Syndicat d'Initiative.*

La *Grande-Rue*, artère principale de la vieille ville,

GRENOBLE. — LE JARDIN DE VILLE

débouchant sur la place Grenette, à côté du Château-d'Eau, conduit à la *place Saint-André* (statue de Bayard, par Raggi), en face du **Palais de Justice**. Cet ancien hôtel du Parlement du Dauphiné et de la Chambre des Comptes. est un des monuments de Grenoble les plus intéressants. (Le bureau du Syndicat distribue une notice spéciale et des tickets pour le visiter.)

Commencé sous Louis XI et terminé sous François Ier, il a

été restauré complètement de 1890 à 1897, en prenant comme modèle les parties édifiées dans le style de la Renaissance. Au centre de la façade, surplombe, au 1er étage, l'abside de l'ancienne chapelle, éclairée par trois fenêtres ogivales.

Le portail de droite dessert le tribunal civil, où l'on admire les merveilleuses boiseries de l'ancienne Chambre des Comptes, exécutées, en 1520, par le sculpteur Paul Jude.

Le portail, situé à gauche de la chapelle, donne accès à la Cour d'appel. On y remarque les plafonds de la salle des audiences solennelles et de la 1re Chambre, dessinés, en 1660, par Jean Lepautre et sculptés par le grenoblois Daniel Guillebaud, ainsi qu'un reste intéressant de la chapelle gothique du Parlement.

Au S. de la place Saint-André, *l'église Saint-André*, édifiée en 1220, est l'ancienne chapelle du palais des Dauphins. Surmontée d'une tour que couronne une flèche octogonale flanquée de quatre clochetons, elle possède (transept de gauche) le *tombeau de Bayard*, et un chef-d'œuvre de Restout, le « Martyre de saint André ».

L'Hôtel de Ville, attenant à l'église Saint-André, faisait partie du palais des Dauphins dans sa partie bordant la rue Hector-Berlioz. Il a conservé une tour du XIIe s., construite sur l'enceinte romaine. On laisse, à dr., le *Théâtre*, avant d'accéder, par un grand portail, dans la cour de l'**Hôtel de Ville**, ancien hôtel du connétable de Lesdiguières, où une table en marbre noir, placée près de l'entrée principale, rappelle la mémorable séance du 14 juin 1788, prélude de la Révolution française.

Le Jardin de Ville s'étend devant la façade, présentant un jardin français au milieu duquel est érigée une statue du connétable de Lesdiguières, sous les traits d'*Hercule au Repos*, par Jacob Richier, et un jardin anglais ombragé d'arbres séculaires. D'une statue allégorique, *le Torrent*, du sculpteur grenoblois Urbain Basset, jaillit l'eau alimentant la petite rivière de ce parc, que dominent deux terrasses longues de 160 mèt. On peut voir le Mont-Blanc de l'extrémité N. de la terrasse supérieure, plantée de marronniers, qui domine le cours de l'Isère. Sur la rive opposée s'étagent les constructions de Sainte-Marie-d'en-Haut, du fort Rabot et de la Bastille, sur les derniers contreforts du Mont-Rachais.

Descendant sur le quai de la République, où se dresse

la *Vedette Gauloise*, du sculpteur dauphinois Irvoy, on regagne, par la rue Hector-Berlioz, la place Saint-André, d'où, la rue du Palais, la place aux Herbes et la rue Brocherie conduisent en ligne droite à la *place Notre-Dame* (station des tramways de La Tronche et de Chapareillan).

Le *Monument du Centenaire de la Révolution fran-*

GRENOBLE. — PLACE NOTRE-DAME
ET MONUMENT DU CENTENAIRE DE LA RÉVOLUTION

çaise, figurant l'Union des Trois Ordres (par le sculpteur grenoblois Henry Ding), est érigé à l'entrée de la rue Président-Carnot, descendant vers la place Sainte-Claire (marché couvert).

A l'E. de la place Notre-Dame, la **Cathédrale Notre-Dame** (XIIIᵉ s.), dont la façade moderne est surmontée d'un clocher du XIIᵉ s., est un spécimen inté-

DISTILLERIE A VAPEUR
ABSINTHE DOUBLE RECTIFIÉE
Liqueurs supérieures
François REYNAUD Aîné
A GRENOBLE
Inventeur et seul Fabricant du
" FRA "
Liqueur de GOUDRON tonique et fortifiante
Le FRA
est une
LIQUEUR
HYGIÉNIQUE
par
EXCELLENCE
à base de
Goudron
DE
Norvège
et de
Sucs de Plantes
AROMATIQUES
des
Montagnes du Dauphiné
CE QUI LUI A VALU
SA
Grande Renommée
Le FRA
se prend PUR
ou étendu
D'EAU DE SELTZ
et additionné
DE
Citronnade
OU DE
MENTHE
LE FRA
est la
MEILLEURE
BOISSON
Apéritive
ET
Rafraîchissante
CONNUE
Marque déposée
Le FRA se trouve dans toutes les bonnes Maisons
Bien exiger la marque " FRA " et la signature François REYNAUD Aîné

UR TONIQ
GOUDRON REYNAUD (GRENOBLE)
DÉPOSÉ
FRA
LIQUEUR de GOUDRON
TONIQUE et FORTIFIANTE
F. GOIS REYNAUD Aîné
GRENOBLE

ressant de la conservation des formes de l'architecture romane en pleine période gothique. Un superbe *ciborium*, en pierre sculptée, s'élève à dr. dans le chœur à 14 m. 34; il date de 1450. Le long du collatéral de g. se trouve la chapelle de Saint-Hugues (XIIᵉ s.).

En face de la cathédrale, place Notre-Dame, 6, le **Belvédère de la Tour de Clérieux** (35 cent.) permet

GRENOBLE. — LE MOUCHEROTTE VU DU PONT DE LA CITADELLE

de jouir d'une magnifique vue panoramique sur l'ensemble des montagnes encadrant Grenoble.

On laisse à dr. la rue Très-Cloîtres, où est installé, à dr., le *Musée archéologique et historique*, dans l'ancienne chapelle du couvent de Sainte-Marie-d'en-Bas (XVIIIᵉ s.).

Au N. de la place Notre-Dame, la rue Frédéric-Taulier, puis la place Lavalette, conduisent au pont de la Citadelle. Sur la rive g. de l'Isère, se montre la tour carrée de la Citadelle, qui, édifiée en 1440, sert actuellement de pigeonnier militaire.

En face du pont de la Citadelle, sur la rive dr. de l'Isère, la place Xavier-Jouvin est ornée de la statue de ce rénovateur de la ganterie, principale industrie de la région. On descend le quai Mounier, à g., pour gagner, au débouché du pont suspendu, l'entrée de la rue Saint-Laurent, où se trouve la remarquable *Fontaine du Lion* (du sculpteur dauphinois Sappey), alimentée par une eau assimilée souvent, par sa pureté, à l'eau d'Evian.

GRENOBLE. — CRYPTE DE L'ÉGLISE SAINT-LAURENT

A l'extrémité N. de la rue Saint-Laurent, l'**Eglise Saint-Laurent** est particulièrement intéressante par sa **Crypte** (VIe ou VIIe s.), considérée comme le plus ancien édifice religieux de France. La décoration des 28 colonnes de cette ancienne chapelle, qui, enfouie partiellement sous des éboulements, a servi de base pour la construction du chœur de l'église, à la fin du XIe s., est des plus curieuses. (Notice et tickets, pour visiter, au bureau du Syndicat.)

On regagne, par la porte Saint-Laurent, le quai Xavier-Jouvin et le pont de la Citadelle, la rive g. de l'Isère, que l'on remonte en suivant le quai Claude-Brosses.

Au delà des fortifications, s'ouvre, à dr., le *Jardin de l'Ile-Verte*, dessiné à l'anglaise et offrant une vue splendide sur la grandiose chaîne de Belledonne. Ses allées ombragées conduisent jusqu'à la *porte des Adieux* (station du tramway pour la gare P.-L.-M.), en longeant les fortifications dues à Vauban.

On rentre dans la ville par la rue Lesdiguières, où, après avoir dépassé, à g., le *Temple protestant*, on

GRENOBLE. — PORTE SAINT-LAURENT

aperçoit, à l'extrémité S. de la rue Villars, le *Jardin des Plantes*, qui possède, à côté d'un parc bien ombragé, un jardin botanique. A g. de la colonnade d'entrée s'ouvrent les galeries du **Muséum** (ouvertes tous les jours, sauf le lundi, de 11 h. à 4 h.).

Les collections zoologiques du rez-de-chaussée et surtout du 1er étage sont fort riches et admirablement disposées. La SALLE LOCALE (1er étage, à g.), offre un groupement aussi intéressant que suggestif de spécimens zoologiques, minéralogiques et botaniques concernant les Alpes et spécialement le Dauphiné. Au 2e étage, en face de la salle de botanique, la grande GALERIE DE MINÉRALOGIE est d'une richesse exceptionnelle, due en partie aux ressources extraordinaires offertes par les Alpes dauphinoises et surtout par l'Oisans.

La rue Villars, puis, à g., la rue Malakoff, font accéder à la *place de la Constitution*, ornée d'un square planté de marronniers et de platanes, et bordée, au S., par l'Hôtel de la Préfecture; au N., par l'Hôtel de la

GRENOBLE. — UNIVERSITÉ   *Phot. Oddoux*

Division et l'Université; à l'E., par l'Ecole d'Artillerie et le Musée-Bibliothèque, qui forment un cadre de beaux monuments.

Le **Musée-Bibliothèque**, construit en 1860, est remarquable tant par son magnifique aménagement que par la richesse de ses collections. Il est ouvert tous les jours, le lundi excepté, de 9 h. à 4 h. en hiver, et de 8 h. à 5 h., en été. Dans son magnifique vestibule, s'ouvre, à gauche, presque en face de l'entrée, la porte du Musée de peinture.

La Peinture comprend plus de 500 toiles intéressantes, parmi lesquelles les Ecoles française, flamande, hollandaise, italienne et espagnole sont représentées par de superbes œuvres de maîtres, réparties dans 4 salles. On doit signaler principalement :

1re SALLE **(Ecole française,** jusqu'au commencement du XIXe s.) : deux Combats de cavalerie, du Bourguignon ; une Chasse et une Nature morte, de Desportes ; Tête de vieillard, de Fragonard ; un Paysage et une Marine de Claude-Lorrain ; Tobie et l'ange Raphaël, de Lesueur ; Nymphe au bain, de Pater ; Paysage avec figure, de Watteau ; deux Lahire ; Vase de fleurs, de Monnoyer ; des portraits de Drouais, Largillière, Rigaud Hyacinthe, Tournières, Troy, Vigée-Lebrun, etc.

GRENOBLE. — MUSÉE BIBLIOTHÈQUE   *Phot. Oddoux*

2e SALLE **(Ecole Italienne et Espagnole) :** la Femme Hémorroïse, de Paul Véronèse ; Sainte Famille, de Palmeziani ; Vue de Venise, de Canaletti ; Descente de croix, de Farinato ; Saint Sébastien et Sainte Appollonie, du Pérugin ; Sainte Famille, du Tintoret ; Saint-Barthélemy, de Ribeira ; Vue de la Salute, de Canaletti ; Nature morte, du Maltais ; Place Saint-Marc, de Guardi ; Martyre de saint Pierre, de Calabrese ; Portement de croix, de Solario ; Moine, de Murillo ; quatre grandes compositions, de Zurbaran, etc.

Même salle **(Ecoles Allemande, Flamande et Hollandaise) :** Saint Grégoire et Tête de vieillard, de Rubens ; Vierge et Martyre de sainte Catherine, de Crayer ; Réception du duc d'Anjou comme chevalier du Saint-Esprit et portrait de l'abbé de Saint-Cyran, de Philippe de Champaigne ; deux Portraits, de Van Eckhout ; Paysage, de Hobbéma ; Adoration des Bergers, de Jordaens ; Louis XIV traversant le Pont-Neuf, de Van der Meulen ; Portrait d'homme, de Rembrandt ; Portrait de femme, de Janssens van Ceulen ; Trinité, de Van Thulden, etc.

Au milieu de cette 2e salle, se trouve une belle mosaïque gallo-romaine, de Vienne ; elle représente Hylas et les Nymphes.

3e ET 4e SALLES **(Ecole Française moderne) :** Vue prise à Saint-Egrève, de Achard ; Lac de l'Eychauda, de Guétal ; Paysage, d'Harpignies ; Effet du soir, de Peloux ; Gardeuse de

GRENOBLE. — SALLE DE LA BIBLIOTHÈQUE

moutons, de Vayson ; plusieurs toiles d'Ernest Hébert, notamment son portrait, par lui-même ; plusieurs paysages de Ravier ; Bords de l'Isère, d'Hareux, etc.

A l'extrémité de la 4e salle se trouve une salle réservée aux portraits des célébrités dauphinoises.

A gauche des trois premières salles de peintures et parallèlement à elles, trois salles sont consacrées à la SCULPTURE. On y remarque, entre autres : un Buste de Benoît XIV (XVIIIe s.) ;

la Phrynée, de Pradier ; la Maquette de la Victoire, de Falguière ; une vitrine d'œuvres de Rodin ; de délicieuses statuettes en terre cuite, de Tanagra ; une Tête de femme et une Stèle funéraire (art grec du Ve s.) ; Berlioz mourant, de Rambaud ; la Muse de Berlioz, de Ding, etc. Dans la grande salle se voient également de superbes aquarelles et dessins de l'école française, des œuvres de Rubens, du Pérugin, d'Albert Dürer, etc.

A droite des salles de peinture, la principale salle de la **Bibliothèque,** longue de 62 mèt. et large de près de 14 mèt., est extrêmement remarquable à tous égards. Cette bibliothèque contient plus de 250.000 volumes (parmi lesquels on compte environ 7.000 manuscrits et 650 incunables), ainsi que 2.000 autographes, de précieuses collections de médailles, etc.

Elle conserve un beau casque mérovingien, trouvé à Vézeronce, sur le champ de bataille où périt Clodomir, en 524.

GRENOBLE. — PRÉFECTURE

Près de cette salle est placée une très confortable salle de lecture pouvant recevoir 54 personnes.

Au 1er étage, auquel on accède par un escalier monumental situé à g. du vestibule, est disposée, au-dessus des salles de sculpture, une collection considérable de meubles anciens, faïences, porcelaines, ivoires, émaux, bijoux, étoffes anciennes, en majeure partie donnée par M. Genin, ainsi qu'une collection d'objets orientaux, don du général de Beylié. On y voit également de très intéressantes pièces (IIIe s.), recueillies dans les fouilles d'Antinoë.

Les salles du 2e étage sont réservées aux dessins et gravures.

En sortant du Musée, on traverse, vers l'O., la place

de la Constitution, et, par la rue Lesdiguières, on atteint la place de l'Etoile, qui communique, au N., avec la place Vaucanson, au milieu de laquelle est érigée la statue du mécanicien grenoblois Vaucanson, entre la Banque de France et l'Hôtel des Postes et Télégraphes.

Derrière ce dernier s'étend le square des Postes, orné du Monument élevé à la mémoire de l'explorateur du Mékong, le dauphinois Doudart de Lagrée, à proximité

GRENOBLE. — PLACE VAUCANSON, LA POSTE   *Photo-Hall*

de la station du tramway d'Uriage, du Lycée de garçons et de l'Ecole de Médecine et de Pharmacie, situés boulevard Edouard-Rey. Celui-ci, après avoir traversé la place Victor-Hugo, passe entre les hospices civil et militaire, rejoint l'avenue de la Gare, où se trouve, à l'angle du boulevard Gambetta, l'*Hôtel de la Chambre de Commerce* (exposition industrielle permanente, visible de 2 h. à 4 h.), et un peu plus bas, à l'angle du cours Saint-André, l'*Eldorado-Cirque*.

Avant de gagner la gare P.-L.-M., on peut franchir

l'Isère sur le pont de l'Esplanade, situé à l'extrémité du cours Saint-André. En aval se trouvent, sur la rive dr., le pavillon de l'ancienne Porte-de-France, édifié sous Louis XIII, et, au delà, la promenade de l'Esplanade, où le jeu de boules, particulièrement en honneur parmi les Dauphinois, réunit de nombreux joueurs.

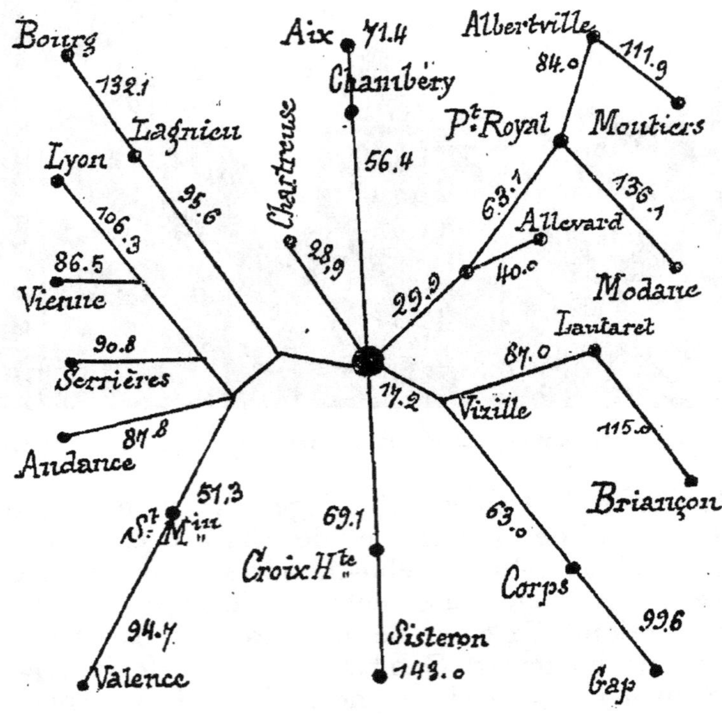

Carte des distances kilométriques par route des environs de **Grenoble**
(H. Dolin)

ENVIRONS DE GRENOBLE

Tarif des Voitures

DESTINATIONS	ALLER		ALLER-RETOUR		Temps d'arrêt exigible.
	3 pers.	4 pers.	3 pers.	4 pers.	
Balmes de Fontaine...	2 50	3 »	3 50	4 50	1/2
Bastille...................	» »	» »	12 »	15 »	1 h.
Bouquéron..................	4 »	5 »	5 »	6 »	1/2
Corenc (Couvent).............	7 »	8 »	9 »	11 »	1/2
Domène.....	6 »	7 »	8 »	10 »	1 h.
Eybens.........	3 50	4 »	4 50	5 50	1/2
Eybens, retour Pont-de-Claix... ..	» »	» »	7 »	8 »	1/2
Fontaine...	3 »	3 50	4 »	5 »	1/2
Fort Rabot (entrée)............	3 »	4 »	4 »	5 »	1/2
Galochère.................	2 50	3 »	3 50	4 »	1/4
Galochère, retour Eybens......	» »	» »	6 »	7 »	1/2
Gières	3 50	4 »	4 50	5 50	1/2
Herbeys.................	8 »	9 »	10 »	12 »	1 h.
Meylan (Mairie).............	3 50	4 »	4 50	5 50	1/2
Montbonnot, retour Domène......	» »	» »	10 »	12 »	1 h.
Montfleury (Voûtes)..........	2 »	2 50	3 »	4 »	1/2
Pont-de-Claix................	5 »	6 »	6 »	7 »	1/2
Proveysieux..............	8 »	10 »	11 »	12 »	1 h.
Sainte-Marie..............	2 »	2 50	3 »	3 50	1/4
Saint-Egrève..............	3 50	4 »	4 50	5 50	1/2
Saint-Ismier...............	7 »	8 »	9 »	11 »	1 h.
Sassenage	3 50	4 »	4 50	5 50	1/2
Sassenage, retour par Balmes.....	4 50	5 »	5 50	6 50	1/2
Seyssinet..	3 50	4 »	4 50	5 50	1/2
Seyssinet (bas de la montée)....	3 »	3 50	4 »	5 »	1/2
Seyssins.................	5 »	6 »	6 »	7 »	1/2
Seyssins (bas de la montée)... ..	3 »	3 50	4 »	5 »	1/2
Seyssins, retour par Claix.....	» »	» »	10 »	12 »	1 h.
Uriage.................	8 »	9 »	10 »	12 »	1 h.
Uriage, retour par Vizille......	» »	» »	18 »	20 »	2 h.
Vizille........	10 »	12 »	12 »	14 »	1 h.
Voreppe.................	9 »	10 »	10 »	12 »	1 h.

NOTA. — Le temps d'arrêt en plus de ce qui est indiqué au tableau se paie à raison de 1 fr. 75 à l'heure, divisible par quarts d'heure.

Nota. — Les N^{os} des Croquis-Itinéraires indiqués se rapportent à la série publiée par le Syndicat d'Initiative de Grenoble. (Prix : 25 cent.)

RABOT, LA BASTILLE ET LE MONT-JALLA

Cette promenade demande à peine 20 minutes de marche jusqu'à la porte du Fort Rabot, où le Syndicat d'Initiative a aménagé un belvédère offrant une vue merveilleuse sur Grenoble, les montagnes qui l'environnent et la vallée de l'Isère, que le Mont-Blanc domine dans le lointain.

On effectue cette petite ascension en gravissant la montée de Chalemont, située en face du Pont suspendu.

sur la rive dr. de l'Isère et à g. de la Fontaine du Lion.
Une route de voitures, partant du quai Perrière, en
amont du Pont de l'Hôpital, dont le milieu est le point
initial des distances kilométriques du département de
l'Isère, est rejointe un peu avant d'arriver au pont-levis
du Fort Rabot.

L'excursion du sommet de la Bastille, par le Fort
Rabot, exige qu'on ait obtenu une permission écrite du
commandant de la place, à la Citadelle de Grenoble; la
route est belle et un peu ombragée.

GRENOBLE. — PONT DE L'ESPLANADE   *Phot. Piccardy*

On peut encore accéder extérieurement sur le glacis de
la Bastille, en sortant de Grenoble par la Porte Saint-
Laurent et en quittant, à 15 min. de celle-ci, la grande
rue de La Petite-Tronche, pour s'élever, à g., par un
chemin découvert et assez raide, qui s'ouvre en face d'une
borne-fontaine située à dr. de la route. (Le tramway de
la place Grenette à La Tronche conduit à cet endroit.)

De la *Bastille* (483 m. d'alt.), qu'on atteint en 1 h. 1/4,
la vue est très étendue. On peut encore s'élever aisément,
en 20 min., par un sentier tracé en partie à travers des

taillis, jusqu'au *Mont-Jalla* (650 m. d'alt.); sur ce dernier parcours se trouve une table d'orientation du Touring-Club.

GRENOBLE. — MONTÉE CHALEMONT

LA TRONCHE, BOUQUÉRON, LE St-EYNARD, LE SAPPEY

Tramway électrique de la place Grenette à La Tronche. (Train toutes les 10 min. — Prix : 10 cent. par kil.; minimum : 10 cent.)

De la place Grenette, le tramway passe par la rue du Lycée, la place Sainte-Claire et la place Notre-Dame, franchit l'Isère au Pont de la Citadelle, puis la Porte Saint-Laurent. Il s'éloigne de la rive dr. de l'Isère pour remonter la rue principale du bourg de **La Tronche** dont les nombreuses villas s'étendent au pied des pentes du Mont-Rachais. Pour admirer, dans sa modeste *église*, le superbe tableau du peintre grenoblois Hébert, la **Vierge de la Délivrance**, on quitte le tramway au chemin de la Caille, pour gagner, par le chemin Rey, l'église.

Soit par la route du Sappey, soit par la station terminus du tramway, la Croix de Montfleury (3 kil. 300), on monte, en 30 min., au *château de Bouquéron* (XIᵉ s.), qui domine le coteau de Montfleury et présente une belle vue panoramique sur la vallée du Graisivaudan. La route

CHATEAU DE BOUQUÉRON

du Sappey conduit, en 30 m., à Corenc, et s'élève vers la base des escarpements du Saint-Eynard, pendant que l'attention est captivée par la splendeur du panorama s'étendant jusqu'au Mont-Blanc.

Du col de Vence (750 mèt. d'alt., 7 kil. de Grenoble), une route de voitures permet d'atteindre, vers l'O., en 45 min., la cime du MONT-RACHAIS (1.007 mèt. d'alt.), tandis qu'un autre chemin carrossable contourne celui-ci vers le Nord-Ouest, et met à même de faire aisément, en 5 heures, le tour du Mont-Rachais, en redescendant par le COL DE CLÉMENTIÈRE (650 m. d'alt.) à Grenoble.

D'autre part, un sentier muletier décrivant de nombreux lacets aboutit, au Nord-Est, au FORT DU SAINT-EYNARD. (Une autorisation de l'autorité militaire est indispensable pour y accéder.) Aussi doit-on recommander plutôt la route de voitures qui, se détachant à 1 kil. au-dessous du Sappey, permet d'atteindre, en 1 h., la CRÊTE DU SAINT-EYNARD (1.350 m. d'alt.) et de jouir librement de sa merveilleuse vue sur les montagnes de la Chartreuse, de Belledonne, de l'Oisans, de la Savoie, etc., tandis qu'à plus de 1.100 mètres au pied du voyageur s'étend la vallée de l'Isère avec Grenoble.

Au delà du col de Vence, on pénètre dans un défilé au fond duquel les eaux cristallines de la Vence s'écoulent bruyamment. Puis la route débouche dans le vaste vallon du **Sappey** (12 kil. 500), dominé par la cime escarpée de *Chamechaude* (2.087 mèt.), point culminant du massif de la Grande-Chartreuse. (*Croquis itinéraire n° 25.*)

ENTRÉE DU FORT SAINT-EYNARD

Le village du Sappey, situé à 1.000 m. d'alt., et entouré de grandes forêts, ainsi que son nom le rappelle, est un centre de villégiature très fréquenté pendant toute la durée de la belle saison, grâce un peu aux facilités de communication que lui assurent le passage des voitures de Grenoble à la Grande-Chartreuse par le col de Porte, mais surtout à cause du voisinage des sapinières encadrant son bassin de verdoyantes prairies, dont les plus belles s'étendent au N. E. vers le col de l'Emeindras (1.400 m. d'alt.). (V. le *Croquis itinéraire n° 1.)*

Le Sappey est également un des principaux centres de sport d'hiver, des environs de Grenoble. Au milieu du cirque de crêtes tour à tour boisées ou escarpées qui l'abritent, il offre une variété de terrain admirablement approprié aux longues pistes de lugge, comme aux évolutions en skis et aux excursions en traîneaux. Un grand concours de ski y a obtenu le plus vif succès en 1907.

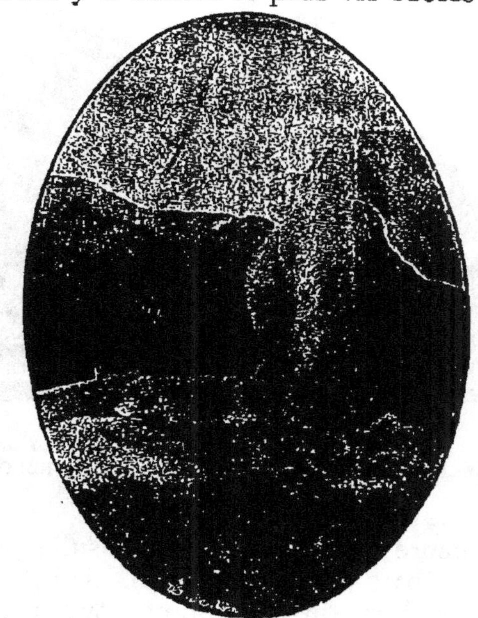

LA TOUR-SANS-VENIN

LA TOUR-SANS-VENIN, SAINT-NIZIER, LE MOUCHEROTTE

Excursion particulièrement recommandée, au moins jusqu'à la Tour-sans-Venin. (V. les CROQUIS-ITINÉRAIRES N°ˢ 2, 4, 6 DU SYNDICAT D'INITIATIVE.)

Le tramways du cours Berriat conduit au *Pont du Drac,* et celui de Sassenage (V. page 45) aux *Balmes,* d'où l'on gagne, par une route de voitures (voiture particulière 3 fr. 50) le village de *Seyssinet.* La route s'élève ensuite en lacets vers le *château de Beauregard* que l'on atteint en 1 h. 30 depuis Grenoble, et près duquel se trouve le *Désert de Jean-Jacques-Rousseau*, coupure dans le rocher formant un ravin parsemé de gazons et de sapins, où Jean-Jacques Rousseau herborisa.

Phot. Piccardy

GRENOBLE. — LES PONTS DU DRAC ET LE NÉRON

Une petite heure de montée suffit ensuite pour atteindre **La Tour-Sans-Venin** (750 m. d'alt.), jadis une des Sept merveilles du Dauphiné, sur un mamelon rocheux au-dessus du hameau de *Pariset*. On jouit, de ce point, d'un des panoramas les plus beaux et les plus facilement accessibles des environs de Grenoble, avec la succession de sommets couverts de neiges éternelles qui s'étendent de Belledonne au Mont-Blanc, et dominent la riante vallée de l'Isère, sur la rive droite de laquelle se dressent les cimes calcaires escarpées de la Grande-Chartreuse.

Si l'on désire redescendre immédiatement dans la plaine, un chemin, tracé au milieu des bois de Vouillant, passe par la ferme Giroud et la maison Froussard, pour aboutir au pittoresque défilé de la GORGE-DU-LOUP et le COUP-DE-SABRE, près de FONTAINE, station du tramway de Sassenage. (V. p. 45.)

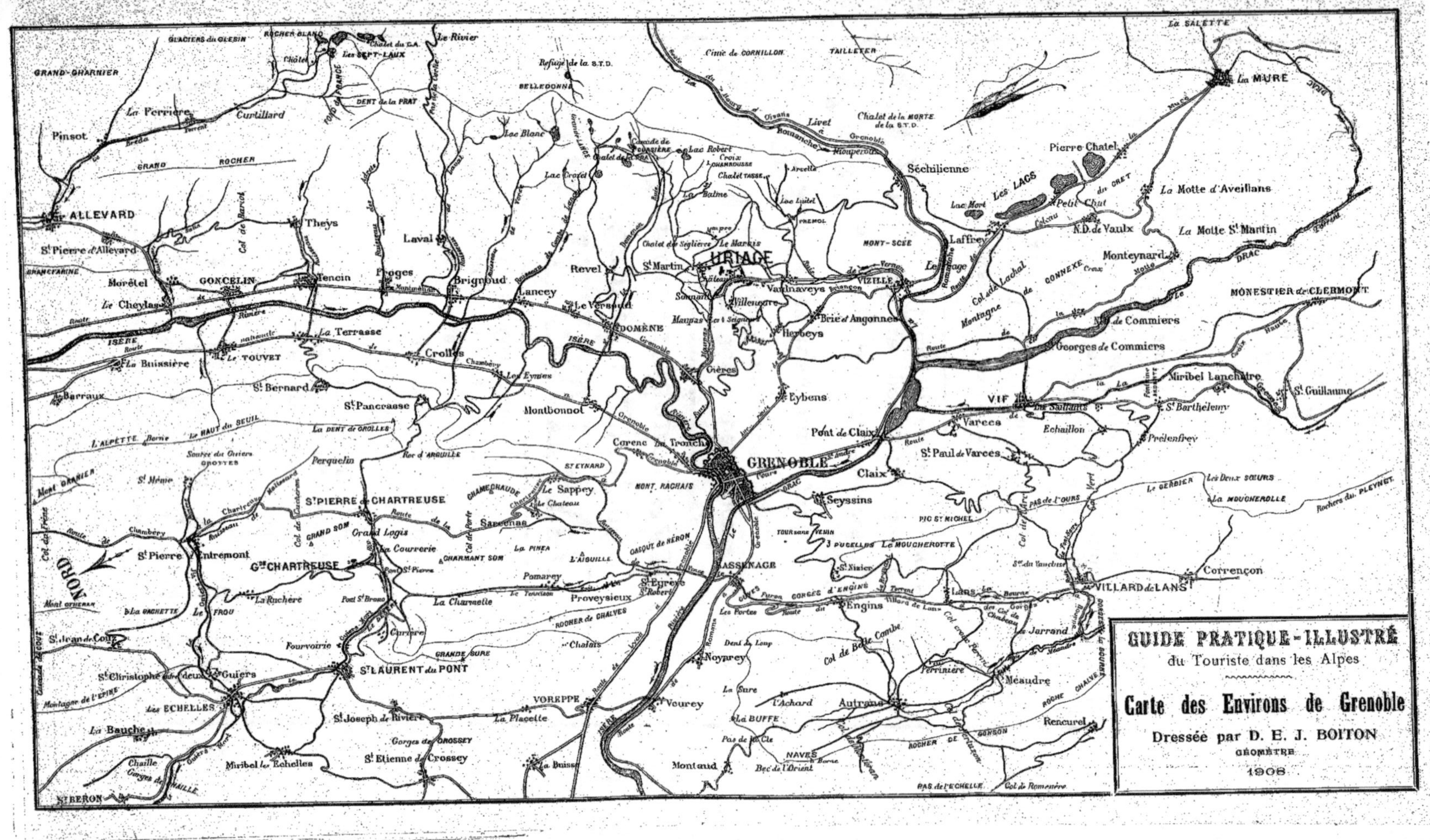

NORD
GUIDE PRATIQUE-ILLUSTRÉ
du Touriste dans les Alpes
Carte des Environs de Grenoble
Dressée par D. E. J. BOITON
GÉOMÈTRE
1908

De la Tour-sans-Venin, 1 h. 45 suffisent pour accéder au village de **Saint-Nizier** (1171 m. d'alt.), au pied des gigantesques lames verticales du rocher des *Trois-Pucelles*, contrefort du **Moucherotte** (1906 m. d'alt.), le plus beau belvédère de la région grenobloise.

Des plaques indicatrices jalonnent l'itinéraire d'ascension de cette cime depuis Saint-Nizier. 10 à 12 h. de marche, aller et retour, sont nécessaires pour accéder, depuis Grenoble, au sommet du Moucherotte.

Saint-Nizier, entouré de très belles sapinières, est situé

EXCURSION EN SKIS*Phot. Odoux*

sur un vaste plateau présentant une vue superbe sur les montagnes encadrant les vallées de l'Isère et du Drac, jusqu'au Mont-Blanc et au massif du Pelvoux. Jouissant d'un climat remarquable, cette localité sera une des plus fréquentées des environs de Grenoble, lorsque la construction du chemin de fer du Villard-de-Lans contribuera à en rendre l'accès plus aisé. Le plateau de Saint-Nizier deviendra alors, tout particulièrement, un des centres de sports d'hiver les plus appréciés des Alpes dauphinoises.

On peut varier la descente depuis Saint-Nizier, soit en rejoignant, à travers des sapinières, la route de Villard-de-Lans à Sassenage, près du hameau de *Lans* (8 kil.), soit par la cheminée du Pas-du-Curé au village d'*Engins*, en 1 h. 30.

URIAGE, VIZILLE

ET LE MASSIF DE BELLEDONNE

L'excursion d'Uriage est une des plus intéressantes des environs de Grenoble. On recommande sa prolongation jusqu'à Vizille. Le retour à Grenoble par Pont-de-Claix complète fort heureusement cette promenade facile à effectuer grâce aux tramways qui desservent, toutes les heures, le parcours de Grenoble à Uriage et à Vizille. Le trajet exige 45 minutes jusqu'à Uriage et 1 h. 30 jusqu'à Vizille. Prix pour Uriage : 1 fr. en 1re classe et 0 fr. 75 en 2e classe ; aller et retour : 1 fr. 40 et 1 fr. 05 ; — pour Vizille : 1 fr. 35 et 0 fr. 90 ; aller et retour : 2 fr. 10 et 1 fr. 40. — On doit noter que : 1º les militaires et les enfants de 3 à 7 ans paient demi-place ; 2º les billets aller et retour ne se distribuent que dans les gares et non dans les trains ; 3º que les horaires sont basés sur l'heure des chemins de fer P.-L.-M.

On accède directement à Vizille par le P.-L.-M. depuis Grenoble par la gare de Jarie-Vizille, d'où le tramway à vapeur de l'Oisans conduit sur la place du Château de Vizille. — Billets circulaires Grenoble-Vizille-Uriage : 2 fr. 75, 2 fr. 10, 1 fr. 40.

Le tramway électrique d'Uriage a un quai à l'intérieur de la gare P.-L.-M., à proximité du buffet. Après avoir traversé l'hémicycle de la gare, qui sert de point terminus à plusieurs de ses trains, il gagne, par l'avenue de la Gare, le boulevard Edouard-Rey, puis la belle place Victor-Hugo, avant d'atteindre le *square des Postes*, station principale de la ligne, située en face du Lycée de garçons et à proximité de l'Ecole de Médecine et de Pharmacie.

On s'engage ensuite dans la rue Lesdiguières, aboutissant à la place de la Constitution qu'on traverse en face de l'Hôtel de la Préfecture ; puis, par la rue et la place Malakoff, on accède à la Porte Très-Cloîtres. Au delà des remparts, on se dirige en droite ligne, à travers le faubourg de la Croix-Rouge, vers les coteaux verdoyants couronnés des neiges éternelles de la chaîne de Belledonne, qui domine de ses 2.989 mètres d'altitude la rive droite de la fertile vallée de l'Isère.

Au delà du *Garage Paganon* (3 kil. 600 de la gare P.-L.-M.), situé près du *Stand municipal* de Grenoble, on jouit d'une vue panoramique remarquablement étendue sur les divers massifs montagneux encadrant la merveilleuse plaine du Graisivaudan. Le spectacle se

URIAGE. — L'ÉTABLISSEMENT THERMAL ET LE CHATEAU

Phot. Oddoux

présente dans toute sa splendeur au passage de la ligne P.-L.-M. de Chambéry, sur un petit viaduc. Vers le nord se présente, comme une gigantesque molaire, la masse rocheuse de la Dent-de-Crolles, seconde cime du massif de la Grande-Chartreuse. A l'ouest, la crête du Moucherotte domine le cours du Drac, issu du Haut-Dauphiné.

A *La Galochère*, le tramway, changeant de direction, côtoie la base des collines ombragées de châtaigneraies séculaires jusqu'à **Gières** (6 k. 550), parsemé de jolies villas.

Un embranchement de 10 kil. dessert, par Murianette, le bourg de (5 kil.) **Domène,** station, comme Gières, de la ligne P.-L.-M. de Chambéry, ainsi que (11 k. ½) **Lancey.** (Tramways directs partant toutes les heures du square des Postes et Gières). — Domène et Lancey sont des centres industriels importants, dont les usines sont actionnées par les eaux de torrents descendus des névés de Belledonne (V. page 102). On remarque à Domène les ruines intéressantes du Moustier, église dépendant d'un prieuré de l'Ordre de Cluny, fondé en 1027

De Gières, on peut gagner Uriage, à pied, en 2 h. 1/2 environ, en remontant les flancs du vallon du Sonnant, soit par Venon, Saint-Nizier et Saint-Martin-d'Uriage (sur la rive droite dominée par l'arête boisée de Combeloup), soit par Le Murier et Villeneuve (sur la rive gauche couronnée par le fort des Quatre-Seigneurs).

La ligne d'Uriage abandonne, à Gières, la vallée de l'Isère, pour s'engager dans la Combe du Sonnant, profondément encaissée entre des pentes de prairies et de bois parsemées de cascades. Elle longe le lit du torrent tandis qu'apparaissent et disparaissent successivement, aux extrémités opposées de chaque contour de l'étroite gorge, la crête rocheuse du Saint-Eynard, vers le nord, et la croupe longtemps enneigée puis verdoyante de Chamrousse, vers le sud.

Au delà du défilé de Maupas, on accède bientôt au hameau de Sonnant, où l'on débouche dans un cirque verdoyant, en amont duquel se dresse, sur un mamelon ombragé d'arbres séculaires, le château féodal d'Uriage, flanqué de tourelles.

L'établissement thermal d'**Uriage** est situé à 12 kil. 700 m. de la gare P.-L.-M. de Grenoble, dans la partie supérieure (214 m. d'alt.) de la charmante vallée qui s'étend jusqu'à Vizille, sur une longueur de plus de

9 kilomètres, au pied des contreforts boisés de la montagne de Chamrousse (2.250 m. d'alt.).

Dès l'époque romaine, les eaux d'Uriage furent utilisées au

URIAGE. — LA GARE DU TRAMWAY   *Phot. Oddoux*

double point de vue hygiénique et thérapeutique, comme en témoignent les nombreux vestiges de thermes anciens découverts à diverses époques. On voit encore les restes d'une des piscines à l'entrée des galeries qui servent au captage des eaux ; elle mesure environ 8 mèt. de côté. L'existence d'hypocauste, à proximité des piscines, semble prouver qu'autrefois, comme maintenant, la température de l'eau d'Uriage avait besoin d'être élevée artificiellement. Des ex-voto en plomb et des statuettes en bronze, remarquablement conservées, ont été déposés dans les collections du château.

Après être demeurée presque complètement négligée depuis cette époque reculée, la source d'Uriage fut l'objet de la création d'un Etablissement thermal, en 1820, sur l'initiative de son propriétaire, la marquise de Gautheron. Au comte Louis de Saint-Ferriol, son neveu et héritier, revient l'honneur d'avoir fait d'Uriage l'importante station balnéaires qui, dès lors, n'a cessé de se développer sous l'impulsion de son frère, le comte Emmanuel de Saint-Ferriol, puis sous la direction de M. Edouard Buisson, fermier général de l'Etablissement.

Le débit constant de 5.000 hectolitres par jour, assuré

Original illisible

NF Z 43-120-10

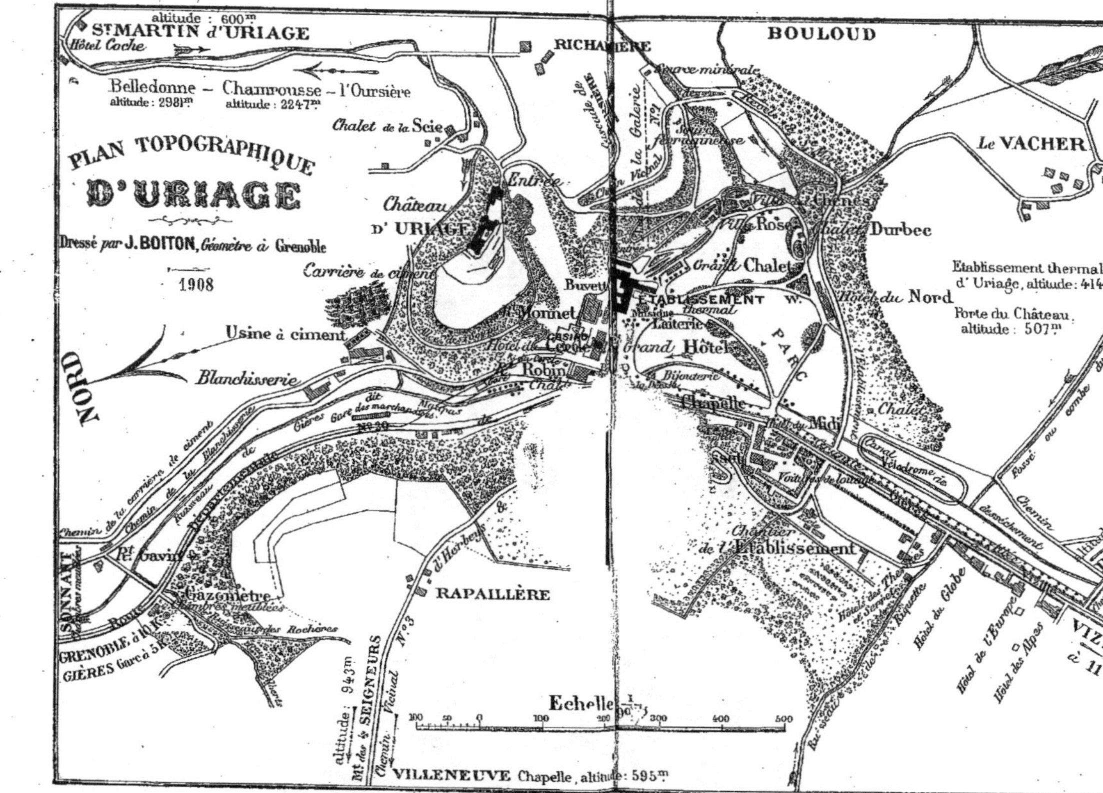

altitude : 600ᵐ
St MARTIN d'URIAGE
Hôtel Coche
RICHAMÈRE
BOULOUD
Belledonne — Chamrousse — l'Oursière
altitude : 2981ᵐ
altitude : 2247ᵐ
Chalet de la Scie
Le VACHER
PLAN TOPOGRAPHIQUE
D'URIAGE
Château
D'URIAGE
Entrée
Villa Rose
Chalet Durbec
Dressé par J. BOITON, Géomètre à Grenoble
Carrière de ciment
Grand Chalet
Etablissement thermal
d'Uriage, altitude : 414ᵐ
1908
Buvette
ETABLISSEMENT
W.
Hôtel du Nord
Porte du Château
altitude : 507ᵐ
Monnet
Laiterie
Usine à ciment
Casino
Grand Hôtel
PARC
NORD
Blanchisserie
Robin
Chalet
Chapelle
Chalet
Gières Gare des marchandises
Hôtel du Midi
N°20
Canal
Vélodrome
PRÉMOL
altitude : 1095ᵐ
Rt Gavin
Chantier
de l'Etablissement
Gazomètre
RAPAILLÈRE
VIZILLE
à 11 K.
GRENOBLE à 10 K.
GIÈRES Gare à 5
altitude : 943ᵐ
Mt des 4 SEIGNEURS
Chemin Vicinal N°3
Hôtel du Globe
Hôtel de l'Europe
Hôtel des Alpes
Echelle
100 50 0 100 200 300 400 500
VILLENEUVE Chapelle, altitude : 595ᵐ

depuis 1841 par un soigneux captage, permet de répondre à toutes les exigences de la saison thermale, pour l'emploi de cette eau sulfureuse purgative qui réunit les propriétés des eaux chlorurées fortes et des eaux sulfureuses. L'eau, à son imergence du rocher, a une température constante de 27°25. Elle est amenée à l'Etablissement dans une conduite qui, faisant siphon, lui conserve toute sa chaleur et son gaz.

Employée, dans les meilleures conditions d'installation, en bains, douches, pulvérisations et boisson, elle est indiquée dans les affections de la peau (eczéma, acné, psoriasis, éruptions furonculeuses, prurigo, lichen. urticaire, scrofulo-tuber-

URIAGE. — VUE DE L'ÉTABLISSEMENT   *Phot. Oddoux*

culose de la peau et des muqueuses, lupus, herpès récidivant, etc.), le lymphatisme, le rhumatisme, la laryngite, etc.

Elle est particulièrement efficace pour fortifier les enfants, car elle procure de véritables bains de mer sulfureux en montagne.

On utilise également, à Uriage, une source ferrugineuse pendant la saison thermale, qui dure de la fin de mai au 15 octobre.

Outre la médication principale par les eaux, Uriage présente encore un excellent ensemble d'agents naturels, à influence aussi continue que doucement exercée, dont l'emploi raisonné et méthodique fait de cette station un séjour préféré tout spécialement pour les tempéraments affaiblis : ces agents sont l'altitude modérée dont l'effet est fort sensible, le climat

salubre, l'air des montagnes, les promenades fáciles, les excursions variées.

Au sortir de la gare du tramway électrique, on accède,

URIAGE. — HALL DE L'ÉTABLISSEMENT

soit par la route de voitures, soit par une allée longeant
le Casino, dans une vaste place qu'ombragent de grands

URIAGE. — SALLE DES BAINS

arbres, et où se trouvent le bureau de la *poste* et du
télégraphe, le **Casino** (théâtre, salles de jeu et de lec-

VILLAS MEUBLÉES

Dépendant de l'ÉTABLISSEMENT THERMAL

PRIX

Villa des Chênes. — Salon, salle à manger, cuisine, office et cave, 10 chambres ; jardin. — Commencement et fin de saison, **45 fr.** — Juillet et Août, **60 fr.**

Villa Durbec. — Salon, salle à manger, cuisine, office et cave ; 9 chambres ; jardin. — Commencement et fin de saison, **35 fr.** — Juillet et Août, **50 fr.**

Villa Rose. — Salon, salle à manger, cuisine, office et cave, 6 chambres ; jardin. — Commencement et fin de saison, **30 fr.** — Juillet et Août, **45 fr.**

Villa Marguerite. — Salon, salle à manger, cuisine, office et cave ; 6 chambres ; jardin. — Commencement et fin de saison, **30 fr.** — Juillet et Août, **45 fr.**

Villa Louise. — Salon, salle à manger, cuisine, office et cave ; 6 chambres ; jardin. — Commencement et fin de saison, **30 fr.** — Juillet et Août, **45 fr.**

Villa Jeanne. — Salon, salle à manger, cuisine, 5 chambres ; jardin. — Commencement et fin de saison, **25 fr.** — Juillet et Août, **40 fr.**

Villa Juliette. — Salon, salle à manger, cuisine, 5 chambres ; jardin. — Commencement et fin de saison, **20 fr.** — Juillet et Août, **35 fr.**

Les Ormeaux — Salon, salle à manger, cuisine, cave, 5 chambres ; jardin. — Commencement et fin de saison, **20 fr.** — Juillet et Août, **30 fr.**

L'Hermitage. — Salon, salle à manger, cuisine, cave, 5 chambres ; jardin. — Commencement et fin de saison, **15 fr.** — Juillet et Août, **25 fr.**

Chalet du Coteau. — Salle à manger, cuisine, cave, 3 chambres ; jardin. — Commencement et fin de saison, **12 fr.** — Juillet et août, **20 fr.**

CONDITIONS GÉNÉRALES POUR LES APPARTEMENTS ET VILLAS

Les prix indiqués s'entendent : par jour, linge, argenterie et éclairage électrique compris. — Le blanchissage du linge est à la charge du locataire. — Les chambres de domestiques sont comprises dans le nombre de chambres indiqué. — Lits de supplément : pour grande personne, **1 fr. 50** ; pour enfant, **1 fr.** — Pour une location de toute la saison, on traite de gré à gré.

Location de pianos : 1 fr. par jour, plus transport aller et retour (Grenoble-Uriage) 20 fr.

S'adresser à l'Administrateur de l'Etablissement Thermal

ture), le *Grand-Hôtel*, l'*Hôtel du Cercle*. Dans le prolongement de cette cour, se trouve l'*Etablissement des Bains*, admirablement aménagé et à côté duquel est situé l'*Ancien Hôtel*, où réside le médecin-inspecteur.

Le parc s'étend vers le Sud dans la direction de Vizille, encadré de verdoyants coteaux dont les pentes rejoignent, à l'Est, les épaisses forêts de sapins tapissant les flancs de Chamrousse. Il possède un kiosque où des *concerts* ont lieu chaque jour, un *guignol*, une petite vacherie, des jeux de boules et de *lawn-tennis*, un *vélo-*

URIAGE. — GRAND HALL DE L'ÉTABLISSEMENT

drome et *une piste pour concours hippiques* admirablement installés au milieu de vastes pelouses parsemées de bosquets.

Une large allée ombragée se prolonge, sur une longueur d'environ 1 kilomètre, jusqu'au parc *des Alberges*, entre cette belle promenade et la route de Vizille bordée de nombreux magasins et hôtels, au milieu desquels s'élève la chapelle, décorée de tableaux remarquables. Le

culte protestant a une salle réservée dans le Grand Chalet. Plusieurs gracieuses villas, dépendant de l'éta-

URIAGE. — LE CHATEAU, EN HIVER *Phot. Piccardy*

blissement, sont pittoresquement dispersées au pied de la colline, que couronne le **Château** féodal d'Uriage.

ENVIRONS D'URIAGE

La vallée du Sonnant desservie par la route de Grenoble, offre des sites charmants et d'accès fort aisé. Pour varier son parcours, on peut accéder à son débouché dans la vallée de l'Isère, au village de Gières (V. p. 85), en suivant les hauteurs de sa rive gauche par le hameau de *Villeneuve* dont on atteint, en 35 min., la petite église romane, près de laquelle se dresse un très remarquable tilleul séculaire. De ce point, le panorama est fort beau sur le massif de Belledonne, avec ses grandes cimes de Chamrousse et de Colon, entre lesquelles s'aperçoit la cascade de l'Oursière, et sur le joli plateau de Saint-Martin-d'Uriage, s'étendant entre les forêts de Chamrousse et la crête boisée de Combeloup.

De Villeneuve, on peut gagner, en 35 min., HERBEYS (ancien château des évêques de Grenoble).

On accède également, de Villeneuve ou d'Herbeys, au sommet des QUATRE-SEIGNEURS (940 m. d'alt.), que couronne un fort d'où la vue panoramique est superbe. (Une permission de la Place de Grenoble est indispensable pour entrer dans le fort.)

Un bon chemin muletier, conduisant, à travers bois, au *Murier* (1 h. 40), permet de rejoindre le tramway de Grenoble à Uriage, soit (en 35 min. environ) par la route militaire des forts des Quatre-Seigneurs et du Murier, à la station de la Galochère ou à celle de Gières (V. page 85), soit (en 15 min.) par un sentier de piétons à la halte de la Combe-de-Gières.

Pour le trajet d'Uriage à Gières, par les hauteurs de la rive dr. du Sonnant, V. ci-dessous SAINT-MARTIN-D'URIAGE.

Saint-Martin-d'Uriage et Combeloup. — De l'Etablissement thermal d'Uriage on s'élève, en 20 min., jusqu'à l'entrée du *Château d'Uriage* (507 m. d'altitude), par des sentiers tracés sur les flancs de la colline ombragée, ou par la route de voitures passant devant l'Hôtel du Nord. Puis on gagne (35 min. de l'Etablissement) le village de *Saint-Martin-d'Uriage*, un des plus charmants centres d'excursions des environs de Grenoble.

Vers le N. s'étend la crête boisée de *Combeloup*

CASCADE DE L'OURSIÈRE

(982 m. d'alt.), à l'O. de laquelle passe la route descendant, par le pittoresque hameau de Venon, à Gières (2 h. 30), où l'on peut rejoindre la voie ferrée de Grenoble à Uriage.

A l'E., des chemins muletiers ombragés conduisent sur la rive dr. du Doménon (en 1 h. 30) à Revel, situé au pied de Colon (2.393 m.), sur le chemin de Domène à La Pra.

Plus au S., le chemin de La Pra, par les Seiglières et l'Oursière (V. ci-dessous), envoie des ramifications vers la maison forestière du *Marais*, à la lisière inférieure des sapinières, et le chalet de *la Balme*, au milieu des pâturages parsemés de petits lacs qui s'étendent au-dessus des vastes forêts tapissant les flancs de Chamrousse sur le versant d'Uriage.

Saint-Martin-d'Uriage est un des centres les plus favorisés des environs de Grenoble au point de vue des sports d'hiver, grâce à ses hôtels ouverts toute l'année, à l'extrême commodité des moyens de transport en toutes saisons entre Grenoble et Uriage, et aussi à la disposition excellente du terrain qui se prête à merveille aux excursions et aux exercices en skis, dès la première chute des neiges jusqu'en mai, par suite de la facilité d'accéder à l'altitude convenable à ce sport, suivant la saison, depuis le niveau de l'Etablissement d'Uriage (414 m.) jusqu'à celui du plateau des Seiglières (1.076 m.), et du Marais (1.300 m.), à la région des alpages de la Balme et de Roche-Béranger (1.850 m.), sans parler des environs du chalet-hôtel de La Pra (2.145 m.), ainsi que des cimes de Chamrousse et de Belledonne, visitées chaque hiver par des caravanes d'alpinistes en raquettes et en skis.

Prémol et Chamrousse. — (2.255 m. d'alt.).

Excursion très recommandée ; praticable à dos de mulet ; 5 h. 30 de montée, 3 h. 30 à 4 h. de descente. (V. les CROQUIS-ITINÉRAIRES Nᵒˢ 3, 8 et 19 du Syndicat d'Initiative.)

A l'extrémité S. de l'allée du parc d'Uriage, on s'élève au-dessus du château des Alberges, par les hameaux de Saint-Georges et de Belmont, pour gagner la forêt de hauts sapins qui encadre le joli vallon de **Prémol** (2 h. d'Uriage), au milieu duquel est établie une hospitalière maison forestière (1.095 m. d'alt.), dans le voisinage des ruines d'une ancienne Chartreuse.

De Prémol, un chemin muletier conduit, en 35 min., au LAC LUITEL (1.235 m.), belle vue sur le massif de Taillefer, dont les formidables masses rocheuses dominent la rive g. de la vallée de la Romanche, profondément encaissée, où l'on peut atteindre, en 2 h., à Séchilienne, le tramway du Bourg-d'Oisans à Vizille. (V. page 157.)

Du lac Luitel, un sentier muletier conduit, en 4 h., par les pâturages des ARSELLES à la Croix de Chamrousse.

On remonte, au N. de Prémol, une gorge boisée pour gagner le chalet de **Roche Béranger** (4 h. d'Uriage), situé à 1.850 m. d'alt., à proximité d'une source, au milieu de pâturages mamelonnés qui deviennent de plus en plus rocailleux lorsqu'on approche de la croix édifiée sur le sommet de **Chamrousse** (2.255 m. d'alt., 5 h. 30 d'Uriage). Pour jouir plus complètement du superbe panorama qui comprend les massifs du Vercors, de la Chartreuse, de Belledonne, de Taillefer, de l'Oisans, avec les grandes nappes glaciaires des Grandes-Rousses, du Mont-de-Lans, etc., au milieu desquelles le grand Pic de la Meije captive l'attention, on doit escalader la petite cime rocheuse de la Botte (2.235 m. d'alt.), à 30 m. vers l'E.

Les excursionnistes habitués à la marche doivent, de préférence, redescendre par les **lacs Robert** et la prairie de l'Oursière, où l'on rejoint le chemin muletier conduisant, de La Pra (V. page 101), par les Seiglières et Saint-Martin-d'Uriage, à l'Etablissement d'Uriage (4 h. de Chamrousse).

CASCADE DE L'OURSIÈRE, LA PRA ET BELLEDONNE

Magnifique excursion permettant d'atteindre sans difficulté (à dos de mulet jusqu'au pied du névé de Belledonne), par une succession de forêts, d'alpages, de cascades, de lacs et de névés, un sommet de près de 3.000 m. présentant une vue panoramique très étendue.

3 h. 30 de montée jusqu'à l'Oursière ; 6 h. 30 à La Pra ; 3 h. 30 de plus pour l'ascension du Pic de la Croix de Belledonne. (V. les CROQUIS-ITINÉRAIRES Nᵒˢ 8 et 14 du Syndicat d'Initiative.)

Au-dessus de Saint-Martin-d'Uriage, le chemin monte vers l'E., au milieu des cultures, et atteint la zone fores-

tière près du (1 h. 45 d'Uriage) chalet des *Seiglières* (1.076 m., petite auberge), édifié sur un plateau assez spacieux, en face de Colon (2.393 m. d'alt.), et d'où le cirque de l'Oursière apparaît dans toute sa beauté.

Après avoir franchi plusieurs petits torrents descendus de Chamrousse, au milieu de vastes sapinières, on parvient au (3 h. 30) *chalet de l'Oursière* (bonne auberge, 1.480 m. d'alt.), édifié à côté de la magnifique **Cascade**

PICS DE BELLEDONNE

de l'Oursière formée par le Doménon dont les eaux, alimentées par les névés de Belledonne, tombent d'une hauteur de 100 m.

Le chemin s'élève en lacets vers la prairie de l'Oursière (1.614 m. d'alt.) qu'arrose le Doménon, formant, vers le fond du vallon, une succession de gracieuses cascades en descendant du plateau de La Pra. On laisse à dr. le sentier des lacs Roberts, pour gravir le clapier de l'Oursière, au sommet duquel on atteint des pâturages où l'on franchit le Doménon. En suivant sa rive dr., on débouche dans le cirque où le Club Alpin Français a construit **le Chalet-Hôtel de La Pra** (2.145 m. d'alt.; 6 h. d'Uriage), excellent centre d'excursions, mis en relations directes, par une ligne téléphonique, avec le réseau télégraphique de l'Etat.

L'ascension de la GRANDE-LANCE DE DOMÈNE (2.833 m.), particulièrement recommandée par son beau panorama et sa facilité, comme celle de la Croix de Belledonne ; la traversée du COL DE FREYDANE permettant de gagner la vallée de l'Isère à Lancey, par le glacier de Freydane et le lac Blanc ; le passage du col de la GRANDE-VAUDAINE, mettant en communication avec la station de Rochetaillée-Allemont, de la ligne de Vizille au Bourg-d'Oisans ; les promenades aux charmants lacs du voisinage, les lacs Longet, Claret, Merlat, du Crozet, du Doménon, offrent, entre autres, un choix fort attrayant et très varié d'excursions répondant aux goûts et aux aptitudes les plus divers.

On gagne en 10 min., derrière le chalet-hôtel, le *col de La Pra* (2.200 m. d'alt.), dominant le lac du Crozet et offrant une belle vue sur la vallée de l'Isère et le massif de la Chartreuse.

Une succession de terrasses rocheuses, obligeant le Doménon à former de belles cascades, doit être gravie pour atteindre le *lac du Petit-Doménon*, où l'on rejoint le chemin muletier de la Pra qui franchit le Doménon, à sa sortie du lac, dont il cotoie dès lors la rive dr., au pied de la Grande-Lance. On atteint bientôt le lac du Grand-Doménon, en amont duquel le vallon, devenu de plus en plus rocailleux, se termine en un couloir aboutissant au col de Freydane.

Laissant celui-ci à g., on remonte le névé tapissant le versant O. du *col du Grand-Doménon*, que domine la cime de ce nom. La croix de Belledonne ne tarde pas à apparaître vers le N. Au delà du *col de Belledonne*, une pente de roches désagrégées aboutit au **Pic de la Croix de Belledonne** (2.913 m. d'alt. ; 9 h. 30 d'Uriage).

De ce belvédère, présentant un splendide panorama, en particulier sur la chaîne des Grandes-Rousses et le massif du Pelvoux, une arête aux hautes parois abruptes sépare le cirque du glacier de Freydane, à l'O., de celui du lac de Belledonne, à l'E. Elle se redresse en formant le *Pic central* (2.938 m. d'alt.) et le *Grand Pic de Belledonne* (2.981 m. d'alt.), dont l'escalade, bien que facilitée par des câbles en fer, ne doit être entreprise que par des alpinistes exercés.

La descente peut être variée depuis le col de La Pra en laissant, à g., le chemin de l'Oursière, pour longer la rive dr. du *lac du Crozet* et gagner, par le chalet de la Pierre-du-Mercier, le Pré Reymond, au milieu de la forêt de sapins qu'on quitte aux (2 h. de La Pra) *chalets de Freydières* (1.125 m. d'alt.; petite auberge).

Du village de *Revel* (3 h. de La Pra), on rejoint, en 1 h., *Domène*, station de la ligne de Grenoble à Chambéry, ou, en 1 h. 30, par Saint-Martin-d'Uriage, l'Etablissement d'Uriage.

D'URIAGE A VIZILLE

Le tramway électrique longe le parc d'Uriage, puis, au delà de (13 k. 650) la Tuilerie, celui des

CHATEAU DE VIZILLE   *Phot. Charpenay*

Alberges (14 kil. de Grenoble) qui lui fait suite. A l'O. s'étendent les coteaux de Brié et de Montchaboud, d'agréables buts de promenades depuis Uriage. A l'E., les contreforts verdoyants de Chamrousse (2.255 m.) et de l'Euilli (1.549 m.), avec la profonde coupure de la Combe-de-Prémol, attirent l'attention pendant qu'on descend sur (15 k. 900) *Vaulnaveys-le-Haut*, pour longer sa belle vallée jusqu'à (22 k. 150) **Vizille** où l'on parvient, en passant en tunnel, à côté de la terrasse de son château.

Les trains stationnent sur la place du Château ornée de la *statue de l'Immortalité* (par le sculpteur dauphinois Ding), qui a été érigée pour célébrer, le 21 juillet 1888, le centenaire de la réunion, dans le château de Vizille, des députés des municipalités dauphinoises, dont les délibérations furent les premières manifestations de la Révolution française.

Le **Château** édifié en 1610 par Lesdiguières, a sa porte d'entrée principale décorée d'une statue équestre du fameux connétable, par Richier. Au-dessus de sa magnifique terrasse, une tour ruinée indique l'emplacement du primitif *Château du Roi*, qui existait avant l'an mille. En face de l'escalier monumental, une très grande pièce d'eau, abondamment alimentée par une cascade, agrémente le vaste parc, à l'extrêmité duquel on accède, par la jolie *Allée des Soupirs*, à la belle *Fontaine de la Dhuis*, délicieusement ombragée.

De Vizille, on peut regagner Grenoble par la gare P.-L.-M. de Jarrie-Vizille, ou par la route de voitures de Pont-de-Claix.
De Vizille à Laffrey et à La Mure V. p. 156, au Bourg-d'Oisans V. p. 157.

EYBENS

Tramway électrique, 5 k. 300. — Trains toutes les demi-heures. Trajet en 22 min.; prix : 0,25.

De la place Grenette, le tramway gagne, par la rue Saint-Jacques, les places Vaucanson et de l'Etoile, la rue de Strasbourg, et la place et la Porte des Alpes, (1 k. 300) *la Bajatière*. Il continue à traverser en ligne droite, vers le S., la plaine du Graisivaudan, en s'arrêtant (2 kil.) rue Ponsard, avant de franchir la voie ferrée de Grenoble à Chambéry.

(5 k. 300) **Eybens** au pied des contreforts boisés que couronnent les forts de Montavie (548 m. d'alt.) et

des Quatre-Seigneurs (940 m. d'alt.), possède un château construit par la fille d'Henri IV, Christine de Bourbon.

D'Eybens, une route monte à (2 k.) Tavernolles, où, laissant à dr. son prolongement sur (9 k.) Vizille, elle permet de gagner, par Herbeys et Villeneuve (8 k. 500), Uriage (V. p. 96).

Un chemin carrossable, longeant la base des coteaux boisés

ÉCOLE DE MÉDECINE DE GRENOBLE

environnant Eybens conduit, à l'O., par (2 k. 500) Echirolles, à (5 k. Pont-de-Claix (V. p. 107) et, vers l'E., par (1 k. 500) Poisat et (3 k.) Saint-Martin-d'Hères, à La Galochère où elle rejoint la route de Grenoble à (6 k.) Gières (V. p. 85).

PONT-DE-CLAIX, CLAIX ET VIF

Tramway électrique. — Trains toutes les demi-heures pour Pont-de-Claix (trajet en 32 min.; o fr. 40), continuant alternativement toutes les heures jusqu'à (17 k.; o fr. 85) Vif, ou à (11 kil.; o fr. 65) Claix.

De la place Grenette, le tramway longe la rue Saint-Jacques, traverse les places Vaucanson et de l'Etoile et s'engage, vers l'O., dans la rue Lesdiguières où elle passe entre le Lycée de garçons, à dr., et l'Ecole de médecine et de pharmacie. Au delà de la place Lakanal, il descend la rue de Turenne et franchit le chemin de fer P.-L.-M. (lignes de Chambéry et de Briançon), à l'*Aigle*, avant d'atteindre le *cours Saint-André*, superbe avenue rectiligne, large de 42 m., ombragée par une quadruple rangée d'arbres séculaires, qui s'étend sur 7.588 m. du

LE COURS SAINT-ANDRÉ

Pont de l'Esplanade au Pont-de-Claix. Dans l'intérieur de Grenoble, il n'a été conservé que deux de ses rangées d'arbres.

Après la grille de l'*octroi* (1 k. 600), les principaux arrêts du tramway sont : (2 k.) *les Marronniers*, à proximité de la caserne des chasseurs alpins (quartier Bayard); (2 k. 700) *le Dépôt*, où se trouvent les moteurs qui actionnent les tramways électriques du réseau grenoblois; (3 k. 300) *Lesdiguières*; (4 k. 100) *le Rondeau*, rond-point de 142 m. de diamètre, formé à mi-trajet du cours Saint-André; (4 k. 900) *La Quinzaine*; (6 k. 200) *le Moulin*.

(8 k.) **Pont-de-Claix,** dont les maisons sont grou-, pées à l'extrêmité S. du cours Saint-André, est desservi aussi par une station de la ligne de Briançon. Ce village doit son nom au voisinage du pont jeté sur le Drac, en 1611, au-dessous de Claix, situé sur les hauteurs de la rive dr. du fougueux torrent descendu des régions méridionales du massif du Pelvoux.

Laissant à g. la route de Vizille, que continue à longer

LES PONTS DE CLAIX. — DÉFILÉ D'AUTOS

la ligne de Briançon, le tramway franchit le Drac sur (8 k. 700) le nouveau **Pont-de-Claix** (52 m. d'ouverture, 8 m. 50 de flèche), édifié immédiatement en aval de l'ancien dont l'arche, de 46 m. d'ouverture, s'élève à 16 m. au-dessus du lit de la rivière. Du haut du pont la vue est fort belle, notamment sur le massif de la Chartreuse.

(9 k.), *Le Pont-Rouge;* à dr. se détache l'embranche-

ment de **Claix** situé à 2 k., au pied du plateau de Saint-Ange.

Un chemin muletier s'élève à travers les prairies de SAINT-ANGE, puis, au milieu des bois, vers (4 h. 30) le **Col de l'Arc** (1.743 m.) que domine, au N., le PIC SAINT-MICHEL (1.918 m), contrefort du Moucherotte. Du Col de l'Arc, d'où l'on jouit d'une remarquable vue panoramique, on atteint, en 2 h., le Villard-de-Lans. CROQUIS-ITINÉRAIRE Nº II du Syndicat d'Initiative (V. page 142).

(10 k. 700) *Rochefort*, blotti au pied du rocher du même nom et à proximité des sources qui alimentent Grenoble de plus de 30.000 litres d'excellente eau potable à la minute. (11 k. 800) *Allières-et-Risset;* à l'O., la jolie *cascade d'Allières* descend en gracieux flocons du plateau de Saint-Ange. (12 k. 600) **Varces.**

Un sentier s'élevant au-dessus de Malancourt rejoint à (3 h.) la prairie Dufour, remarquable par la richesse de sa flore, le haut du plateau Saint-Ange (V. ci-dessus), que traverse le chemin de Claix au Col de l'Arc.

En longeant la rive g. de la Gresse, le tramway atteint (17 k.) **Vif** que le Roc d'Oriol domine d'environ 800 mèt. à l'O.

Desservi par une station de la ligne de Briançon, Vif est le point de départ de nombreuses excursions dans la région des SAILLANTS et du GUA, où l'on peut visiter la FONTAINE-ARDENTE, une des sept merveilles du Dauphiné, et, par Prélenfrey, monter au COL VERT pour aller au Villard-de-Lans. (V. page 142.)

SASSENAGE ET VEUREY

L'excursion aux Cuves de Sassenage est une des plus recommandées des environs de Grenoble. — Tramway électrique de Grenoble à Sassenage; départ toutes les demi-heures; trajet en 26 min.; prix : 0 fr. 35. — De Sassenage à Veurey tramway électrique; départ toutes les heures; trajet en 25 min.; prix : 0 fr. 45.

De la place Grenette, le tramway gagne, par les rues Félix-Poulat et Molière, la place Victor-Hugo qu'il contourne par son côté S. afin d'atteindre, par la rue Béranger, le cours Berriat. On quitte celui-ci à hauteur de la rue Diderot conduisant au pont de fer jeté sur le Drac, que l'on franchit ainsi en aval du pont suspendu.

(4 k.) *Saveuil;* (5 k.) *les Balmes;* (6 k.) *Fontaine.*

SASSENAGE. — LE GOUFFRE BLEU

V. page 61, l'itinéraire du cours Berriat par le château de Beauregard et la gorge du Loup, à Fontaine; charmante excursion d'env. 4 h.

(7 k.) **Sassenage** construit à l'entrée des gorges du Furon, conserve, sur un mamelon dominant le village, les vestiges d'un château édifié au XIe s. et rebâti près de la route de Veurey sous Louis XIII. Au-dessus de la porte principale se voit l'écusson de la fée Mélusine, dont la moitié inférieure du corps est figurée par une couleuvre à deux queues. A l'intérieur du château on peut visiter une remarquable collection de tableaux, de beaux meubles anciens, l'armure de Lesdiguières, etc.

L'attention des visiteurs de Sassenage est surtout attirée par les **Cuves** dans lesquelles, suivant la tradition, Mélusine vivait en amphibie. Il est prudent de se faire accompagner d'un guide pour pénétrer dans les grottes. On y accède par le parc, dont la petite porte est située à l'angle N.-O. de la place du village.

Le chemin s'élève rapidement au milieu de taillis, sur la rive dr. du torrent, vers la base de la haute muraille rocheuse où se montre une grande excavation donnant naissance à un torrent aux eaux cristallines, le Germe, qu'on franchit pour gagner l'entrée des grottes située un peu en amont. Les

SASSENAGE. — CASCADE DU FURON

étroits couloirs, dont ces grottes sont formées, présentent quelques excavations naturelles, les Cuves, dont l'examen permet de présager, suivant la tradition, la sécheresse ou la pluie d'après la quantité d'eau qu'elles conservent.

Un sentier, descendant vers le Furon, permet d'admirer les aspects variés de ses gracieuses cascades.

Au sortir de Sassenage, le tramway longe le pied des Côtes-de-Sassenage, que remonte la route du Villard-de-Lans avant de s'engager dans les gorges d'Engins d'où descend le Furon (V. page 121). On dépasse successivement (9 k.) *Les Engenières*, (12 k.) *Saint-Jean-de-Noyarey*, et (12 k.) *Noyarey*, au débouché de la char-

VEUREY. — LE PONT SUR L'ISÈRE ET LA ROUTE DE VALENCE

mante gorge boisée du Grand-Ruisseau et au pied du joli plateau d'Aisy.

(16 k.) **Veurey** sur la Varo'se, est le point de départ d'excursions nombreuses.

Voreppe. — En franchissant l'Isère sur le Pont suspendu, on gagne (2 k.), la gare de Voreppe de la ligne de Lyon (V. p. 31).

L'Echaillon. — La route de voitures longeant, vers le N., la base des escarpements du plateau de Saint-Ours, dessert l'Etablissement de la SOURCE d'eau sulfureuse de l'ECHAILLON, qui jaillit au pied du BEC DE L'ECHAILLON, sorte de promontoire dominant de 200 m. la vallée de l'Isère, et où s'exploitent des carrières renommées.

Du hameau du Petit-Port on monte, en 1 h., au Bec de l'Echaillon, présentant une vue panoramique superbe sur les montagnes de la Chartreuse et la chaîne de Belledonne.

Montaud et **Autrans.** — Au S.-O. de Veurey, une route carrossable s'élève, par le vallon de Voroise, vers (1 h. 45) **Montaud** (630 m. d'alt.), d'où l'on jouit de fort jolis points de vue. Un chemin muletier, tracé à travers bois et franchissant, par une cheminée, la paroi rocheuse que domine la Pyramide de la Buf (1.627 m.), atteint le (4 h.) PAS DE LA CLÉ (1.510 m.), offrant une belle vue sur les massifs de la Chartreuse et du Vercors.

On descend au milieu de sapinières dans la charmante vallée d'**Autrans** (5 h. 30 ; 1.030 m. d'alt.), très appréciée comme lieu de villégiature, et mise en communication par une route de voitures avec (8 k.) LANS et (15 k.) LE VILLARD-DE-LANS (voitures publiques, 1 fr. 50 ; trajet en 1 h. 30). (V. page 142.)

SAINT-ÉGRÈVE, LA MONTA ET VOREPPE

Tramway électrique. — 7 k. de Grenoble à La Monta ; 14 k. 500 à Voreppe. Train toutes les 60 min.; o fr. 05 par kilomètre.

De la place Grenette on gagne, par les rues Félix-Poulat et Molière, le boulevard Edouard-Rey, la place de la Bastille, le Pont de l'Esplanade, sur lequel on traverse l'Isère.

Au delà de la Porte-de-France, que dominent les forts Rabot et de la Bastille, on passe, en longeant l'Isère, sous le village de Saint-Martin-le-Vinoux, aux villas étagées au pied du col de Clémentière, ouvert entre le Mont-Rachais et la crête abrupte du *Néron*.

(2 k. 500) *Pique-Pierre;* (4 k.) *La Buisseratte*, au pied de la muraille du Néron. Vers le S., la vue s'étend sur la cime du Moucherotte, avec ses contreforts verdoyants, que la vallée du Drac sépare des reliefs puissants du Taillefer, etc.

(5 k. 500) Sur la rive dr. du torrent de *la Vence*, on laisse à g. la ligne desservant (6 k. 500) *Saint-Robert*, (9 k.) *Le Fontanil* (situé au pied du vallon de Mont-Saint-Martin, par lequel on accède aux alpages des Bannettes), (10 k.) *Le Chevallon*, et (14 k.) **Voreppe** suivant l'itinéraire de Grenoble à la Grande-Chartreuse, par le col de la Placette et Saint-Laurent-du-Pont (V. p. 108).

Le tramway suit la rive dr. de la Vence jusqu'áu hameau de (7 k. de Grenoble) *La Monta*, situé entre les escarpements du Néron et de Rocheplaine, sur la char-

mante route qui s'élève vers (3 k. 500) le gracieux village de **Proveysieux** et celui de *Pomaray*, pour se poursuivre en un chemin muletier, à travers de belles sapinières, jusqu'au *col de la Charmette* (1.280 m. d'alt. V. *Croquis-Itinéraire n° 10* du Syndicat d'Initiative), d'où l'on peut, soit gagner la Grande-Chartreuse par le Pas des Sangles (peu recommandable aux personnes sujettes au vertige), ou par le col de la Cochette (8 h. de marche env.), soit descendre à Saint-Laurent-du-Pont par la route entièrement pittoresque de *Currière*.

Une route conduit, de La Monta à QUAIX, au pied de la Pinéa (1.779 m.). Une autre contourne, au N., le Néron, et permet de regagner Grenoble par le col de Clémencière (650 m.), ouvert entre le Mont-Rachais et le Néron.

SAINT-ISMIER ET CHAPAREILLAN

Tramway électrique ; 41 kil. — Train environ toutes les heures de Grenoble (place Notre-Dame) à Saint-Ismier ; trajet

LE SAINT-EYNARD, VU DE GRENOBLE   *Phot. Oddoux*

en 23 à 35 min.; 1re classe 0 fr. 80, 2e cl. 0 fr. 55. — Entre Grenoble (gare P.-L.-M.) et Chapareillan, 8 trains par jour :

trajet en 2 h. 20 min.; 1re cl. 3 fr. 05, 2e cl. 2 fr. 15. — Billets d'aller et retour (25 % de réduction) distribués dans les gares. — Billet circulaire U, de Grenoble à Chapareillan, avec retour

DÉVIATION DE SAINT-NAZAIRE

sur le P.-L.-M.; par Chignin et Montmélian, 10 fr. 80, 8 fr. 85, 5 fr. 60) ; circulaire V, par Chignin, Saint-Béron et Voiron, 14 fr. 60, 12 fr. 40, 7 fr. 90.

VALLÉE DU GRAISIVAUDAN

Les trains allant jusqu'à Chapareillan partent de l'hémicycle de la gare P.-L.-M. Par la rue Championnet, ils atteignent la place de la Bastille et suivent les quais de la rive g. de l'Isère jusqu'au pont de la Citadelle, d'où ils rejoignent, par la place Lavalette et la rue Frédéric-Taulier, la place Notre-Dame.

De la place Notre-Dame, tous les trains de la ligne de Chapareillan partent en suivant la rue Frédéric-Taulier, pour franchir la porte de la Saulaie, puis le Pont de l'Ile-Verte.

(1 k. 600) Hospices des vieillards ; (2 k.) **La Tronche** (V. p. 58). Au delà des coteaux verdoyants de Mont-

LA TRONCHE. — PONT DE L'ILE-VERTE

fleury, qu'on laisse à g. ainsi que le pittoresque château de Bouquéron, on se rapproche des escarpements du Saint-Eynard. Durant tout le parcours de la ligne on ne cesse de jouir d'un merveilleux panorama sur la vallée de l'Isère, dont la rive g. est couronnée par les crêtes neigeuses de la chaîne de Belledonne, puis par celles des montagnes des Sept-Laux et des environs d'Allevard, dont les cimes émergent des sapinières et des pâturages au-dessous desquels s'étagent les cultures de la riche plaine du Graisivaudan.

Le tramway a comme stations principales : (2 k. 300) *Montfleury;* (3 k. 600) *La Revirée;* (4 k. 600) **Meylan** *(Le Bachais),* où vient aboutir un chemin venant d'Uriage par le bac de Gières.

CASCADE DE CROLLES

(6 k. 200) *La Détourbe;* (7 k. 200) **Montbonnot-Saint-Martin,** au débouché de la route du Pont de Domène.

(7 k. 500) *Pont de la Doux,* (8 k.) *Biviers,* (10 k. 100) **Saint-Ismier.**

Plateau des Petites-Roches. — A 2 k. au N. de Saint-Ismier, au hameau des Eymes, une route s'élève sur la rive gauche du colossal cône de déjections du torrent de Manival, pour franchir, tantôt en encorbellement, tantôt en tunnels, les escarpements au delà desquels on atteint le verdoyant plateau des Petites-Roches, où se succèdent les villages de (3 h. de marche) SAINT-PANCRASSE (au pied du col des Ayes, dominé par la Dent de Crolles, 2.066 m. d'alt.), SAINT-HILAIRE (1.100 m.) et (4 h. 30) SAINT-BERNARD.

Durant tout le parcours de ce plateau, qui forme une gigantesque terrasse dominant de plus de 800 mètres la vallée de l'Isère, on jouit d'une vue panoramique merveilleuse sur les cimes neigeuses de Belledonne et des Sept-Laux, derrière lesquelles apparaît le massif des Grandes-Rousses, ainsi que vers les grands sommets de la Maurienne, de la Tarentaise, et la croupe formidable du Mont-Blanc.

La descente, qui d'abord s'effectue doucement pour arriver à Saint-Bernard, ne tarde pas à s'accentuer, et la route décrit de nombreux lacets pour gagner (5 h. 30 env.) La Terrasse (V. ci-dessous).

De Saint-Pancrasse, un chemin muletier conduit, en 4 h., à Saint-Pierre-de-Chartreuse par le COL DES AYES (1.500 m. d'alt. env.), d'où l'on peut monter, en 2 h., à la DENT DE

LA DENT DE CROLLES, VUE DE LA ROUTE DE SAINT-PANCRASSE

CROLLES (2.066 m.; V. CROQUIS-ITINÉRAIRE N° 20, du Syndicat d'Initiative).

S'éloignant de la route nationale qu'il a suivie depuis Grenoble, le tramway contourne la colline des Ecoutoux et dessert (10 k. 700) *Les Maréchaux*, (11 k. 700) *Les Rivoulets*, (12 k. 100) **Saint-Nazaire**, d'où une route gagne, sur la rive g. de l'Isère, (3 k.) Lancey.

SAINT-BERNARD. — LE PLATEAU DE SAINT-PANCRASSE

Le fil aérien donnant le courant à cette ligne est supporté par des poteaux simples et gracieux construits par la Maison Joya et Cie, de Grenoble.

A Lancey, une chute d'eau de près de 500 m. de hauteur fournit, notamment, la force nécessaire à la traction de la ligne de tramway de Grenoble à Chapareillan, dont les voitures motrices portent 2 moteurs de 35 chevaux.

(11 k. 700) *Les Drogeaux;* (14 k. 200) *Les Varvoux;* (15 k.) **Bernin** au pied de la jolie cascade de Craponoz. On suit de nouveau la route nationale.

(15 k. 900) *La Croix des Ayes;* (17 k.) **Crolles** que domine la haute paroi de la Dent de Crolles (2.066 m.). Au S. se détache la route de (3 k.) Brignoud, gare de la ligne de Chambéry.

(19 k. 100) *Montfort;* (20 k. 700) *Lumbin;* (21 k. 600) *Le Carre;* (22 k. 900) **La Terrasse.**

De La Terrasse à Saint-Ismier, par la route du plateau des Petites-Roches, desservie par une voiture publique, V. ci-dessus en sens inverse. — A l'E., route de (3 k.) Tencin.

Depuis Crolles, on remarque plusieurs gracieuses cascades descendant, de loin en loin, du plateau des Petites-Roches. Le tramway, après avoir contourné La Terrasse, rejoint la route qui traverse (25 k.) *La Frette*, et (27 k. 500) **Le Touvet** en face de (2 k. 500) Goncelin.

Un sentier muletier conduit, en 5 h., du Touvet au plateau d'alpages de l'Aulp du Seuil (1.817 m.), qui présente un panorama analogue, par son étendue et sa splendeur, à celui offert du point culminant de la même ligne de crêtes, la Dent de Crolles.

On s'éloigne de nouveau de la route nationale pour monter vers 31 k. 200) *Montalieu* et (33 k. 100) *La Flachère*. Au sortir de ce dernier village, la ligne atteint le point le plus élevé de son parcours et permet de jouir d'une vue superbe sur les montagnes de la Savoie et, en particulier, sur le Mont-Blanc. On aperçoit, édifié sur une colline de la rive g. de l'Isère, le Château Bayard, où naquit ce célèbre Chevalier.

LE MONT-GRANIER

(37 k. 100) **Barraux** situé au pied d'un fort construit par le duc de Savoie Charles-Emmanuel, communique avec (3 k.) Pontcharra-sur-Bréda, station de la

ligne de Chambéry et tête de ligne du tramway d'Allevard, par un service de voitures publiques (50 c.).

(42 k. 200) **Chapareillan** station terminus du tramway, est le point de départ de l'ascension du Mont-Granier (1.938 m. d'alt.; 8 h. 30 aller et retour) qui le domine. (V. *Croquis-Itinéraire n° 22*, du Syndicat d'Initiative.)

De Chapareillan, des voitures publiques (0,50) correspondent avec la gare de Chignin-les-Marches de la ligne de Chambéry, en passant par les Marches et près de Myans. Plusieurs villages du voisinage de Myans furent enfouis, en 1248, sous un formidable éboulement de roches détachées de la masse du Granier. Une chapelle, épargnée lors de cette catastrophe, est devenue un lieu de pèlerinage très fréquenté.

LA GRANDE-CHARTREUSE

Diverses routes de voitures, ainsi que de nombreux chemins muletiers ou simples sentiers de piétons permettent d'accéder au célèbre monastère de la Grande-Chartreuse, situé à 977 m. d'alt., au centre du massif de ce nom, où se trouvent également plusieurs centres de villégiature alpestre très fréquentés et d'ailleurs des plus favorisés par leur situation merveilleuse, notamment Saint-Pierre-de-Chartreuse.

Parmi les itinéraires les plus habituellement suivis qui sont décrits ci-dessous, on doit recommander, spécialement au départ de Grenoble, celui passant par Voiron, Saint-Laurent-du-Pont, le Couvent de la Grande-Chartreuse, Saint-Pierre-de-Chartreuse et Le Sappey.

Service de cars-automobiles : 1° de Grenoble par la Placette (V. page 124), à Saint-Laurent-du-Pont et à la Grande-Chartreuse, prix : 9 fr. ; avec retour par le Sappey (V. page 138), prix : 16 fr. ; — 2° d'Aix-les-Bains par Chambéry, le tunnel des Echelles et Saint-Laurent-du-Pont (V. environs de Chambéry), prix : 12 fr. 50 ; aller et retour : 20 fr. 50.

DE GRENOBLE A S^T-LAURENT-DU-PONT

1° PAR VOIRON

De Grenoble à Voiron, V. pages 27 à 32, la description en sens inverse des 26 kil. de cette partie de la ligne de Lyon, dont le trajet s'effectue en 30 à 50 min., suivant les trains ; prix : 2 fr. 90, 1 fr. 95, 1 fr. 30.

De Voiron à Saint-Laurent-du-Pont, tramway à vapeur ; trajet en 1 h.; prix : 1 fr. 65 et 1 fr.

A Voiron, le tramway de Saint-Laurent-du-Pont se trouve, dans la gare P.-L.-M., au S. du quai des trains venant de Grenoble. La ligne s'élève au-dessus de Voiron (290 m. d'alt), par (29 k.) *La Buisse*, (30 k.) *Coublevie*, d'où l'on découvre une belle vue sur la vallée de l'Isère et les montagnes du Vercors.

(32 k.) *La Croix-Bayard* (402 m. d'alt.), au pied du pittoresque Défilé du Bret, par lequel on peut rejoindre, en 1 h. 45, près du col de la Placette, la route de Voreppe à Saint-Laurent-du-Pont (V. ci-dessous).

(34 k.) *Saint-Etienne-de-Crossey* (450 m. d'alt.), à proximité des **Gorges du Crossey** pittoresquement

DÉFILÉ DES GORGES DU CROSSEY

resserrées entre des escarpements calcaires. Au delà d'un tunnel, on ne tarde pas à sortir du défilé, long d'env. 2 kil., pendant que les hautes parois de la Grande-Sure attirent le regard.

(38 k.) *Pont de Demay*, près duquel on rejoint la route du col de la Placette.

(40 k.) *Saint-Joseph-de-Rivière* (441 m. d'alt.), dans un vallon de prairies tourbeuses que traverse l'Hérétang, au pied des contreforts boisés de la Grande-Chartreuse qu'on longe jusqu'à (44 k.) **Saint-Laurent-du-Pont**, situé à 412 m. d'alt., à l'issue de la gorge du Guiers-Mort.

De Grenoble par Voreppe et La Placette à Saint-Laurent-du-Pont, 32 k. Voitures publiques. Trajet en 3 h.; prix : 3 fr. cars-automobiles. (V. page 122).

La route est suivie par une ligne de tramway jusqu'à (14 k.) Voreppe (V. page 96), point de départ de l'excursion à l'ancien couvent de CHALAIS, édifié à 940 m. d'alt., dans une admirable situation, par les Bénédictins, et possédé successivement, avant de devenir aujourd'hui propriété particulière, par les Chartreux, puis par les Dominicains pour un noviciat, desquels il fut acquis par le P. Lacordaire.

On s'élève au-dessus de Voreppe vers (22 k.) le COL DE LA

BUFFET
DE SAINT-LAURENT-DU-PONT

PLACETTE, à 596 m. d'alt., d'où se détache, vers l'E., le sentier muletier du Pas de la Miséricorde, facilitant l'ascension de la GRANDE-SURE (1.924 m. d'alt., 4 h. 30 de montée), particulièrement recommandée pour son merveilleux panorama. (V. CROQUIS-ITINÉRAIRE N° 9, du Syndicat d'Initiative.)

On laisse, à l'O., le chemin du Défilé du Bret (V. ci-dessus) par le petit lac de Saint-Julien-de-Ratz, tandis que la route rejoint, près du (26 k.) Pont de Demay, la route venant de Voiron par les gorges du Crossey.

(28 k.) Saint-Joseph-de-Rivière ; (32 k.) Saint-Laurent-du-Pont.

2° PAR SAINT-BÉRON

109 kil. — Cet itinéraire est compris dans les billets circulaires 31 (17 fr., 14 fr., 12 fr.), et V (14 fr. 60, 12 fr. 40, 7 fr. 90), délivrés par les gares P.-L.-M. de Grenoble, Chambéry, Aix-les-Bains et par le Syndicat d'Initiative.

70 kil. en chemin de fer de Grenoble par Montmélian à Chambéry (V. page 189).

Au sortir de Chambéry, la voie ferrée ne tarde pas à s'engager dans la vallée de l'Hyère, où elle laisse, sur sa rive dr., la belle *Cascade de Couz*, haute de 50 mètres, avant de s'engager dans le tunnel du Mont-de-l'Epine, long de 3.062 m. Elle débouche immédiatement après

LAC D'AIGUEBELETTE

sur le bord du charmant *Lac d'Aiguebelette*, près duquel (89 k.) la station de *Lépin-Lac-d'Aiguebelette* dessert l'établissement d'eau minérale ferrugineuse de *La Bauche* (6 k.).

La Bauche-les-Eaux, charmante station alpine d'été, située 500 m. d'alt. environ) à proximité des sapinières tapissant le pied du Mont-Grelle (1.426 mèt. d'alt.), vers l'O., est desservie par une voiture (2 fr. 50). On y accède également depuis les Echelles 6 kil.; V. ci-dessous) par une belle route. L'Etablissement, entouré d'un joli parc de 30 hectares, est alimenté par une source minérale ferro-manganique dont l'eau, digestive et reconstituante, la plus richement minéralisée du monde, s'emploie principalement en boisson.

LA BAUCHE. — ENTRÉE DE L'ÉTABLISSEMENT

Un confortable pavillon de bains et de douches y est annexé.

De la Bauche-les-Eaux à la station de Chailles (du tramway 'e St-Béron aux Echelles), 2 kil. 500, trajet à pied (V. ci-dessous.)

LA BAUCHE. — UNE VUE DU PARC

(94 k.) **Saint-Béron**, où l'on quitte la ligne de Lyon

GORGES DE CHAILLES

par Pont-de-Beauvoisin et Saint-André-le-Gaz (V. p. 27).
Saint-Béron communique également au Pont-de-Beauvoisin par le tramway de Saint-Genix-d'Aoste.

LES ÉCHELLES

Le tramway à vapeur allant à Voiron, s'élève vers les

gorges du Guiers où il pénètre par les *Portes de Chailles*, dont les escarpements dominent d'environ 200 m. le lit du torrent. Après avoir dépassé le confluent du Guiers-Mort et du Guiers-Vif, on atteint (103 k.) **Les Echelles**, chef-lieu de canton de la Savoie, sur la rive

GROTTES DES ÉCHELLES

dr. du Guiers-Vif, qui le sépare d'*Entre-deux-Guiers*, dépendant du département de l'Isère.

Les intéressantes GROTTES DES ECHELLES (entrée 1 fr.) sont situées à 4 k., près de la galerie de 308 m. donnant passage à la route de Chambéry.

Des Echelles, la pittoresque route du FROU, remontant les gorges du Guiers-Vif vers (7 k. 500) SAINT-PIERRE-D'ENTRE-MONT, près duquel on peut visiter (4 h. aller et retour) les grottes des sources du Guiers, est desservie par des voitures publiques (1 fr. 50) et des cars-automobiles, qui correspondent avec les voitures et les cars-automobiles de Chambéry à Saint-Pierre-de-Chartreuse et à la Grande-Chartreuse par le COL DU FRÊNE (1.164 m.) et le COL DU CUCHERON (1.080 m.).

Le tramway, après avoir traversé Entre-deux-Guiers, remonte la large vallée du Guiers-Mort, que dominent, à l'E., les murailles de l'Aliénard, pendant que, vers l'O., se montrent les verdoyantes collines de Miribel. (109 k.) Saint-Laurent-du-Pont.

DE SAINT-LAURENT-DU-PONT

A LA

GRANDE-CHARTREUSE ET A ST-PIERRE-DE-CHARTREUSE

De Saint-Laurent au Couvent, 9 kil.; à Saint-Pierre-de-Chartreuse, 10 kil. (Voit. publ. 2 fr.; aller et retour 3 fr. — Cars-automobiles. 3 fr. ; aller et retour 5 fr.).

La route longe la rive g. du Guiers-Mort resserré entre les pentes boisées que dominent de grands escarpements calcaires. Elle laisse, à dr., la superbe route forestière s'élevant, par Currière, vers le col de la Charmette, et atteint (2 k.) *Fourvoirie*, où se trouvent divers établissements industriels.

La gorge du Guiers, étroitement encaissée entre les hautes parois rocheuses qui forment l'*Entrée du Désert*, offre une succession de paysages d'aspects merveilleusement variés, où les ombrages des hêtres et des sapins, les eaux cristallines du torrent présentent de gracieux contrastes avec les gigantesques murailles au pied desquelles serpente la route.

Après avoir franchi (5 k.) le *Pont Saint-Bruno*, dont l'arche de 20 m. d'ouverture est jetée à 42 m. au-dessus du Guiers, on côtoie la base du rocher de l'*Œillette*,

LIQUEUR
DES
PÈRES CHARTREUX
"TARRAGONE"
Liqueur
Pères Chartreux

haute de 40 m., dont la pyramide effilée se dresse au milieu de la gorge.

La route traverse quatre tunnels, dont l'un mesure 80 m., puis la combe s'élargit, laissant voir la longue crête du Grand-Som qui domine le Couvent.

GRANDE-CHARTREUSE. — ENTRÉE DU DESERT

(7 k. 500) *La Croix-Verte*, d'où, laissant à dr. la route de Saint-Pierre-de-Chartreuse, on monte à travers bois vers (9 k.) **le Couvent de la Grande-Chartreuse.** (Voir page 136.)

La route de Saint-Pierre-de-Chartreuse franchit, à dr. de la Croix-Verte, le pont courbe de Saint-Pierre, en face du cirque de prairies de Valombrey, pour continuer à remonter la rive dr. du Guiers qu'on traverse au Pont du *Grand-Logis*, jadis une des portes de l'entrée du Désert. Après avoir dépassé l'étroite cluse que de hautes lames rocheuses semblent fermer, on pénètre dans la

PONT SAINT-BRUNO

vallée de Saint-Hugues. largement ouverte entre les contreforts du *Charmant-Som* et de *Chamechaude*.

(10 k.) *La Diat*, hameau, à 800 m. d'alt., où se trouvent plusieurs des principaux hôtels de Saint-Pierre-de-Chartreuse, est situé au carrefour des routes de Saint-

Laurent-du-Pont, de Grenoble par le col de Porte, et de Chambéry par le col du Cucheron.

Cette dernière route, s'élevant en lacets pendant 1.200 m. env., conduit au village de **Saint-Pierre-de-**

PIC DE L'ŒILLETTE   *Phot. Oddoux*

Chartreuse (849 m. d'alt.), étagé dans une admirable situation, au pied des contreforts du Grand-Som, et près du charmant vallon de Perquelin parcouru par le Guiers-Mort naissant.

La position de Saint-Pierre-de-Chartreuse, au milieu de nombreuses vallées alpestres qu'encadrent des forêts d'essences résineuses, a fait aujourd'hui, de l'ancien village de CARTUSIA (auquel les religieux de l'Ordre de Saint-Bruno doivent le nom de « Chartreux »), une station d'été très fréquentée des habitants du Dauphiné, de la Savoie et du Lyonnais, qui viennent y faire de véritables cures d'air. Saint-Pierre-de-Chartreuse a été choisi comme premier centre par l'organisation générale des Centres de tourisme automobile, instituée sous les auspices de l'Automobile-Club de France.

D'excellents hôtels, un bureau de poste, de télégraphe et de

ROUTE DE LA CHARTREUSE

téléphone, ainsi que des services réguliers de voitures confortables et de cars-alpins automobiles, contribuent largement au succès obtenu par Saint-Pierre-de-Chartreuse comme lieu de villégiature alpestre.

Parmi les innombrables excursions que l'on peut faire dans les environs, il convient de signaler particulièrement la promenade du BOIS DU BAN, la CHAPELLE DU ROSAIRE, les CASCADES DU COL DES AYES, en amont de la charmante VALLÉE DE PERQUELIN, dominée par la grande falaise de la Dent de Crolles.

La FONTAINE-NOIRE et les sources du Guiers-Mort, la FONTAINE MINÉRALE DE LA SAULCE, le TOUR DE LA VALLÉE DE SAINT-HUGUES, la PRAIRIE DU BACHAIS, et surtout la course de LA CHARMETTE ou celle de CURRIÈRE par VALOMBREY et MA-

LAMILLE forment également des promenades aussi belles qu'intéressantes.

Pour les ascensionnistes, on doit signaler encore : le CHARMANT-SOM (1.871 m.), aux superbes pâturages émaillés de fleurs ; le Grand-Som (2.033 m.); CHAMECHAUDE (2.087 m.), point culminant du massif de la Grande-Chartreuse ; la DENT DE CROLLES, magnifique belvédère de 2.066 m. d'alt., dominant la vallée de l'Isère et dont l'ascension peut être effectuée soit par les curieuses GROTTES DU TROU DU GLAZ, soit par le Pas de l'Aiguille, dominant le COL DES AYES, intéressant passage muletier mettant en communication directe Saint-Pierre-de-Chartreuse avec la vallée du Graisivaudan, par Saint-Pancrasse et la pittoresque route de voitures qui descend de ce village rejoindre, à Saint-Ismier, le tramway de Chapareillan à Grenoble. (V. CROQUIS-ITINÉRAIRES Nᵒˢ 16 et 20, du Syndicat d'Initiative.)

Mais l'excursion la plus intéressante de toutes est, évidem-

LA GRANDE-CHARTREUSE

ment, celle du Couvent de la Grande-Chartreuse et de ses environs.

De La Diat de Saint-Pierre-de-Chartreuse au Couvent, 4 k. 500 par la Croix-Verte, V. ci-dessus. — Une route plus directe (3 k. 200 ; 50 min. à pied) se détache de la route de Saint-Laurent-du-Pont, en aval du Pont du Grand-Logis et près de celui qui dessert Valombrey. Elle monte assez rapidement à travers la forêt de sapins et débouche dans une vaste prairie en passant devant la COURRERIE, autrefois résidence du Père procureur de la Chartreuse, désigné sous l'appellation de Dom Courrier ; la Courrerie était utilisée comme hôpital par les Chartreux, le climat y étant moins rigoureux que celui du Couvent.

La route continue en pente très douce au milieu des pâturages et rejoint la route venant de la Croix-Verte au-dessous des bâtiments de la **Grande-Chartreuse**, que l'on contourne, à l'O., pour atteindre la façade principale d'entrée située au N. et près de laquelle se trouve l'Hôtel Saint-Bruno, ancienne Hôtellerie des Dames.

Fondé à la fin du XIe s., par saint Bruno, le célèbre monas-

LA GRANDE-CHARTREUSE ET LE CHARMANT-SOM

tère de la Grande-Chartreuse fut détruit à plusieurs reprises par des incendies. Edifié à 977 m. d'alt., au milieu d'une vaste prairie encadrée de forêts que confinent les escarpements du Grand-Som, ses nombreux bâtiments, présentant 40.000 mèt. carrés de toitures couvertes en ardoises, ont l'importance d'un village.

L'intérêt de sa visite (o fr. 50 par personne) est surtout motivée par le GRAND CLOITRE formé de deux galeries ogivales de 215 mèt. de longueur, reliées entre elles par quatre galeries de 23 m., au centre desquelles se trouve le cimetière. 113 fenêtres éclairent ce magnifique cloître d'un aspect saisissant ; dans ses murailles s'ouvrent les étroites portes et les guichets des cellules qu'occupaient les pères chartreux. L'attention des

visiteurs est aussi retenue par l'église (XVe s., voûtes du
XVIIe s.); la chapelle Saint-Louis qui coûta 120.000 fr. et est
due à Louis XIII ; la chapelle des Morts, construite, en 1386,
sur le caveau où furent déposés, en 1132, les restes des premiers Chartreux enterrés près de l'emplacement du monastère
primitif de Notre-Dame-de-Casalibus ; la salle du Chapitre
général ; les cuisines ; le réfectoire bâti en 1371, etc.

Les **environs** du Couvent présentent de nombreux buts de
charmantes excursions, parmi lesquelles on doit tout spécialement recommander celle de la chapelle de Casalibus et de
la chapelle de Saint-Bruno, facilitée par des plaques indicatrices (1 h. 15 aller et retour).

En 40 min. on accède, par une route s'élevant au milieu
d'une superbe forêt de sapins, à la CHAPELLE DE CASALIBUS,
édifiée en remplacement de celle consacrée, en 1085, par saint
Hugues, à l'arrivée de saint Bruno dans le Désert. Deux cents
mètres à peine, plus loin, le chemin, se poursuivant en ligne
droite, presque horizontalement, conduit à la pittoresque **chapelle de Saint-Bruno**, construite, vers 1640, sur un énorme

CHAPELLE SAINT-BRUNO

rocher, à l'endroit même choisi par saint Bruno pour l'emplacement de sa première chapelle, dont l'ancien autel est conservé sous l'autel en marbre blanc qui le protège depuis 1863.

Au-dessus de la chapelle Saint-Bruno, un sentier muletier conduit au (30 min.) COL DE LA RUCHÈRE (1.400 m.)., d'où la vue s'étend jusqu'au lac du Bourget ; il descend par le village de La Ruchère et rejoint (2 h. 15 de la chapelle Saint-Bruno), près du Frou, la route des Echelles à Saint-Pierre-d'Entremont. (V. CROQUIS-ITINÉRAIRE N° 15, du Syndicat d'Initiative.)

Derrière la chapelle de Casalibus, un chemin muletier, signalé par des plaques indicatrices, monte à travers bois, puis dans des éboulis, au (2 h. du Couvent) COL DE BOVINANT (1.666 m. d'alt.), pour descendre, par la forêt des Eparres, à (2 h. du col) Saint-Pierre-d'Entremont.

Du col de Bovinant on s'élève, à l'E., par des alpages, vers une étroite corniche aboutissant près de la croix du **Grand-Som** (2.033 mèt.; V. CROQUIS-ITINÉRAIRE N° 24, du Syndicat d'Initiative). Du sommet, on aperçoit, à plus de 1.000 mètres à ses pieds, le monastère de la Grande-Chartreuse, étroitement enserré au fond du cirque verdoyant que dominent, de toutes parts, les arêtes rocheuses du massif auquel il doit son nom. Au loin, se dressent les grandes cimes du Dauphiné et de la Savoie, au milieu desquelles apparaît la colossale silhouette neigeuse du Mont-Blanc, pendant qu'au delà de la nappe bleue du lac du Bourget se montrent les montagnes du Jura.

Un sentier permet de descendre directement sur (2 h. 30) Saint-Pierre-d'Entremont. (V. le CROQUIS-ITINÉRAIRE N° 24, du Syndicat d'Initiative.)

DE LA GRANDE-CHARTREUSE

PAR ST-PIERRE-DE-CHARTREUSE ET LE SAPPEY A GRENOBLE

28 k. 500 (6 h. à pied). — Voitures publiques (6 fr. depuis le Couvent ; 5 fr. depuis Saint-Pierre ; 3 fr. depuis le Sappey). — Cars-alpins automobiles.

Du Couvent à (3 k. 2 ou 4 k. 4, suivant l'itinéraire) La Diat de Saint-Pierre-de-Chartreuse, V. page 116.

La route remonte la vallée de Saint-Hugues parsemée

de nombreux villages, puis s'élève au milieu de belles sapinières coupées de clairières gazonnées vers (12 k.) le **Col de Porte** (1.354 m.).

A l'E. du col de Porte, se dresse **Chamechaude** (2.087 m. d'alt.), dont l'ascension exige 4 h. 30 env. aller et retour (V. Croquis-Itinéraire nº 25, du Syndicat d'Initiative). A l'O., la Pinéa (1.779 m.) et le Charmant-Som (1.871 m.) peuvent être facilement gravis en 2 h. à 2 h. 30 chacun. (V. *Croquis Itinéraire* nº 30, du Syndicat d'Initiative.)

LE SAPPEY ET CHAMECHAUDE, EN HIVER *Phot. Oddoux*

On descend en laissant à dr. le village de *Sarcenas*. En face, les pentes boisées du Saint-Eynard s'élèvent au-dessus du (16 k.) **Sappey** (V. page 78 l'itinéraire que l'on suit désormais en sens inverse).

En débouchant de la gorge très encaissée, au fond de laquelle mugit la Vence, on jouit, du *col de Vence* (750 m. d'alt.), d'un panorama merveilleux sur la vallée de l'Isère, la chaîne neigeuse de Belledonne et le Mont-Blanc, surtout vers l'heure du coucher du soleil. La descente s'effectue rapidement par Corenc. Bouquéron, Montfleury et La Tronche, sans cesser de présenter de merveilleux points de vue jusqu'à (28 k. 500) Grenoble.

Les GORGES de la BOURNE et les GOULETS

77 k. 500. Voitures publ., 10 fr. Le billet circulaire itinéraire 18, de la Cie P.-L.-M., correspond à la description suivante.

De Grenoble à Sassenage (V. page 109).

Les piétons peuvent rejoindre directement au Villard-de-Lans la route de la Bourne, soit en montant par Saint-Nizier et Lans (V. pages 80-81), soit par Claix et le col de l'Arc.

En sortant de Sassenage, la route de voitures décrit un énorme lacet, que les piétons évitent en suivant le chemin des *Côtes-de-Sassenage*, tracé sur la rive g. du Furon. La belle vue panoramique dont on jouit sur la vallée de l'Isère, les cimes de Belledonne et le massif de la Chartreuse cesse lorsqu'on pénètre dans l'étroit défilé des *Portes d'Engins*. Au fond de la gorge, le torrent se brise en écumant au milieu des amoncellements de roches éboulées qui s'étagent jusqu'au pied de la cascade formée par le Furon, au-dessus du *Pont Charvet*. La route, remontant la rive g. du torrent, qu'elle domine d'une assez grande hauteur, atteint (15 k.) **Engins**.

Sur la rive dr. du Furon, le pittoresque sentier du Pas du Curé conduit, en 1 h. 45, au hameau de Saint-Nizier, d'où l'on peut descendre à Grenoble, par la Tour-sans-Venin, et faire la facile et superbe ascension du Moucherotte (V. page 81, et Croquis-Itinéraire N° 4, du Syndicat d'Initiative).

A g., le ravin du Bruyant s'ouvre dans un décor de sapinières que couronnent les escarpements rocheux du Moucherotte. On s'engage bientôt dans les **Gorge d'Engins** dont les murailles calcaires, rongées par les eaux, présentent, pendant deux kilomètres, des aspects fort variés, tandis que le Furon, devenu un paisible ruisseau, arrose de charmantes prairies séparées par de brusques étranglements de la vallée, et que de tous côtés se dressent de gracieux bosquets au pied des forêts de sapins bordant les crêtes rocheuses.

Le pittoresque moulin de l'*Olette* annonce l'issue des

LE VILLARD-DE-LANS

gorges. Subitement on débouche dans la longue vallée du Villard-de-Lans, à l'extrémité de laquelle la Moucherolle (2.289 m.) apparaît dans le lointain.

(20 kil.) *Les Vernes*.

Une route conduit, à g., par (1 k.) LANS, à (8 k.) Saint-Nizier (V. page 81.)

A l'O. s'élève la route conduisant à AUTRANS (9 k.; 1 h. 45 en voit. publ.) et Méaudre (11 k.).

Pendant 7 kil., on passe au milieu de superbes pâtu-rages où paissent les troupeaux dont le lait est utilisé pour la fabrication des fromages renommés, connus sous le nom de « fromages de Sassenage ».

(22 kil.) *Les Eymards* (1.006 m.), près des sources de la Bourne. (28 kil. 500) **Le Villard-de-Lans** situé à 1.045 m. d'alt., au milieu de la vaste plaine qui porte son nom, est une des stations climatériques les plus fré-quentées des Alpes dauphinoises. Les belles sapinières de ses environs et les merveilleuses gorges de la Bourne

sont les principales attractions de cette station privilégiée.

Parmi les nombreuses excursions dont le Villard-de-Lans est le centre, on doit signaler la promenade à la FONTAINE DE

LE VILLARD-DE-LANS. — PLACE DU MARCHÉ

LA DUIS, surnommée le Petit-Vaucluse ; celle au VALLON DE LA FAUGE et à la FERME DE RAVIX, dont l'extrême richesse en fossiles présente un intérêt spécial aux géologues ; le COL DE L'ARC (1.743 m. ; V. page 109), dont le panorama, fort beau, se présente dans toute sa splendeur du PIC SAINT-MICHEL (1.938 m.) qui domine, au N., ce passage ; le COL VERT (1.750 m.) ; LA MOUCHEROLLE (2.289 m.), point culminant du massif.

La route descend, par des prairies, au-dessous du Villard-de-Lans et s'engage dans les **Gorges de la Bourne** à l'entrée desquelles on franchit le (33 k.) *Pont du Méaudret.*

Route de MÉAUDRE (5 k.; 1 h. 45 en voit. publ.) et AUTRANS (11 k. 500).

Désormais, la route ne cesse guère d'être taillée en encorbellement, de passer sur des murs de soutènement, ou de traverser par des tunnels l'une des hautes parois abruptes qui dominent les eaux de la Bourne mugissant tumultueusement au milieu d'un colossal chaos de rochers. De loin en loin, les flancs de la roche se recouvrent partiellement d'arbres et d'arbustes, ailleurs ils donnent naissance à un véritable affluent, le torrent de *Goule-Blanche* ou *Goule-d'Eau.*

Après avoir gagné la rive g. de la Bourne, en traversant le *Pont de Valchevrière* ou du *Gouffre-du-Moulin,* la gorge se rétrécit de nouveau. On aperçoit, sur la rive dr., la *grotte de Goule-Noire,* déversant une eau parfois plus abondante que la Bourne, et ouverte près du (36 k.) **Pont de Goule-Noire** dont l'arche, de 32 m. d'ouverture, est jetée à 35 m. au-dessus du torrent.

En franchissant le Pont de Goule-Noire et le tunnel du même nom, qui lui succède, la route ne tarde pas à déboucher dans le riant vallon de La Balme de Rencurel, où vient aboutir la jolie route de l'Albenc, par les Ecouges et le col de Romeyère. (V. page 35.)

On s'engage ensuite dans un tunnel, auquel succède la

AUTRANS

Gorge d'Arbois, puis dans un nouveau tunnel. A la sortie de ce dernier, la route domine, à une hauteur vertigineuse, la vallée de la Bourne et (44 k.) le cirque grandiose de Saint-

JULIEN, entouré de rochers à pic formant des cascatelles de 100 m. de hauteur. Au pied des escarpements jaillit, d'une grotte, le torrent du BOURNILLON.

On descend rapidement au village de CHORANCHE, construit au milieu de jolis vergers, et où est exploitée une source d'eau minérale chlorurée sodique et sulfureuse, analogue à celle d'Uriage. La route passe une dernière fois sur la rive g. de la vallée avant d'atteindre (51 k. 500) **Pont-en-Royans.**

LES GORGES DE LA BOURNE

La route des Goulets et du Vercors laisse, à dr., le Pont de Goule-Noire pour s'élever au-dessus de la rive g. de la vallée de la Bourne en franchissant deux tunnels. On contourne, ensuite, les hauteurs du verdoyant cirque de la Balme, ouvert au pied de la longue et jolie vallée de Rencurel. Au delà de (43 k.) *Saint-Julien-en-Vercors*, on descend vers (46 k.) Saint-Martin-en-Vercors, centre de villégiature très apprécié qu'environnent de superbes sapinières tapissant les flancs des deux chaînes parallèles de montagnes qui encadrent la verdoyante vallée du Vercors en s'étendant dans la direction de Die.

(50 k. 500) *Les Barraques*, situées à l'entrée des merveilleuses gorges des **Goulets.** Après avoir franchi la

Vernaison à son entrée dans ces gorges, on laisse, à g., la route de Die par le col du Rousset (V. page 33) et on s'engage, en longeant le torrent, dans les **Grands-Goulets.** Le défilé, d'abord extrêmement resserré, donne passage, par une série de petits tunnels, dans le cirque d'*Echevis*, entouré de tous côtés de hautes parois escarpées, au fond duquel la Vernaison descend à travers un amoncellement gigantesque de rochers. En aval d'Echevis, la route s'engage, sur la rive g. du torrent, dans les **Petits-Goulets,** étroit défilé qu'on traverse par cinq tunnels avant d'atteindre (61 k.) *Sainte-Eulalie.*

LES GRANDS-GOULETS

Au S. de Sainte-Eulalie, une route, desservie par le tramway à vapeur de Pont-en-Royans à Bourg-de-Péage (V. p. 34), conduit à **Saint-Jean-en-Royans,** situé au pied O. du puissant massif calcaire en partie tapissé par la magnifique **forêt de Lente,** qui offre de nombreuses et intéressantes excursions.

SAINT-JEAN-EN-ROYANS

PONT-EN-ROYANS

On descend, au N., vers le confluent de la Vernaison et de la Bourne, en amont duquel se trouve (62 k. 500) **Pont-en-Royans** au débouché des gorges de la

Bourne. Près du pont, jeté à 50 m. au-dessus du lit du torrent, on a une vue remarquable sur les pittoresques habitations qui dominent d'une hauteur considérable les belles eaux de la Bourne retenues par un barrage destiné à alimenter un canal d'arrosage d'une cinquantaine de kilomètres.

La route traverse la vallée de l'Isère, couverte de vergers et de cultures pour gagner (77 k. 500) Saint-Marcellin, sur la ligne de Valence à Grenoble (V. page 35).

On peut encore, de Pont-en-Royans, longer la vallée de la Bourne, qu'on franchit à SAINT-NAZAIRE-EN-ROYANS, où l'on visite une jolie GROTTE et, dans les environs, les imposantes ruines du CHATEAU DE ROCHECHINARD. La route traverse ensuite l'Isère sur un pont suspendu, en aval du confluent de la Bourne et atteint (73 k. 500) la station de Saint-Hilaire-Saint-Nazaire, de la ligne de Valence à Grenoble.

LA MOTTE-LES-BAINS, LA MURE, [ ]
LA SALETTE

L'itinéraire de Grenoble à La Mure, par La Motte-les-Bains,

LIGNE DE LA MURE   *Phot. Oddoux*

et retour par Vizille, fait l'objet du BILLET CIRCULAIRE, ITINÉ-
RAIRE 39, de la C\ie P.-L.-M. (9 fr., 7 fr., 6 fr.).

50 kil. en chemin de fer de Grenoble à La Mure ; 21 kil. en
voit. publ. de La Mure à Vizille (3 fr.); 17 kil. de tram. ou
chemin de fer de Vizille à Grenoble.

LA GARE DE LA MOTTE LES-BAINS

De Grenoble à (19 k.) Saint-Georges-de-Commiers, on
suit la ligne de Briançon. (V. page 174.)

En changeant de trains à Saint-Georges-de-Commiers, il
est préférable de prendre une place à dr. dans le wagon, pour
mieux voir les sites extrêmement pittoresques de la ligne de
La Mure.

Gravissant une rampe continue de 275 millimètres par
mètre, on s'engage dans un premier tunnel courbe, au
débouché duquel on aperçoit, à ses pieds, la station de
Saint-Georges-de-Commiers ; vers le N., la vue s'étend
à travers la plaine du Graisivaudan sur les montagnes de
la Chartreuse, pendant qu'on remonte un vallon verdoyant. Par un double lacet, coupé par trois tunnels, on
atteint (27 k.) *Notre-Dame-de-Commiers*. Après avoir
traversé un nouveau tunnel, le paysage prend un aspect
sauvage. Sur la rive opposée du Drac, dont le lit cail-
louteux est profondément encaissé entre des parois noi-
râtres, se dresse la muraille de la Moucherolle (2.289 m.)
et, vers le S., la pyramide du Mont-Aiguille. Au delà du
tunnel courbe des *Ripeaux* (440 m. de long), formant un

lacet presque fermé, on semble suspendu à environ 300 m. au-dessus du Drac. Quatre tunnels sont franchis avant qu'on parvienne au viaduc de la Clapisse. Les travaux d'art se succèdent sans interruption; on doit particulièrement remarquer le **viaduc de la Rivoire** construit sur le flanc d'un formidable escarpement. Au delà de deux petits tunnels on pénètre dans le gracieux cirque, à l'entrée duquel, sur un mamelon boisé et gazonné se montre le château de la Motte-les-Bains. (36 k.) **La Motte-les-Bains** (706 m. d'alt.).

L'Etablissement de La Motte-les-Bains utilise, depuis trois siècles, des eaux (60°) placées au premier rang parmi les sources thermales bromo-chlorurées sodiques. Elles sont employées avec le plus grand succès contre les maladies de l'utérus et de ses annexes ; le rhumatisme sous toutes ses formes ; la goutte, les maladies des centres nerveux, du système lymphatique, scrofules, maladies des articulations et des os ; plétore abdominale, obésité, syphilis constitutionnelle, etc. Un parc magnifique, un climat exceptionnellement sec, l'air vivifiant que l'on respire, sont on ne peut plus favorables au traitement.

L'Etablissement, confortablement installé dans un vaste

PASSAGE DE LA RIVOIRE

château (XVIe s.), a été complètement remis à neuf en 1907 ; il est éclairé à la lumière électrique et doté de téléphone. Les services pour malades y sont facilités par un ascenseur. Pourvu de tous les appareils nécessaires à l'administration des

eaux thermales, il possède aussi des appareils hydrothérapiques.

Des appartements, des chalets pour familles, divers restau-
rants, et, dans les dépendances de l'Etablissement, l'Hôtel du
Bois, mettent l'emploi des eaux à la portée même des bourses
les plus modestes.

Les ENVIRONS DE LA MOTTE-LES-BAINS présentent, entre
autres excursions intéressantes : la promenade aux SOURCES
THERMALES (30 min.), sur les bords du Drac ; au N., les alpa-

LA MOTTE-LES-BAINS

ges du CONEX (1.364 m.) et ceux du SENEPPI (1.772 m.), dont
la flore est renommée, offrent de superbes points de vue sur
le Trièves, le Vercors, le Graisivaudan, les massifs de la
Chartreuse, de Belledonne, de Taillefer, de l'Oisans, etc.
Enfin, à l'E., l'excursion à PIERRE-PERCÉE, arcade naturelle
de 5 m. 50 sur 3 m., située sur la colline qui sépare le vallon
de Vaulx de la plaine de la Matheysine, offre une jolie vue sur
les lacs de Laffrey. (V. page 155.)

La voie ferrée franchit bientôt le ravin de Vaulx, sur
un viaduc de 9 arches, puis décrit une grande courbe
autour du cirque de la Motte, et franchit, par deux beaux
viaducs superposés, le lit du torrent *du Loulla*, entre
lesquels on traverse un tunnel. Un dernier grand lacet,
terminé par un nouveau tunnel courbe, conduit à (42 k.)

LA MURE. — VUE GÉNÉRALE

La Motte-d'Aveillans, centre de l'exploitation du riche bassin anthracifère de La Mure.

De la gare de La Motte-d'Aveillans se détache un embranchement pour (3 k.) NOTRE-DAME-DE-VAULX, d'où une voiture publique conduit, en 40 min., à LAFFREY. (V. page 155.)

A la sortie du tunnel de la Festinière, la voie ferrée atteint son point culminant (925 m.) et descend dans la vaste plaine de la Matheysine. Derrière soi on aperçoit, sur la colline, la Pierre-Percée (V. ci-dessus), pendant qu'on dépasse (46 k.) *Peychagnard*, où s'exploitent des mines d'anthracite. Au S. apparaissent les contreforts de

l'Oisans et, isolée, la masse colossale de l'Obiou
(2.793 m.).

(50 k.) **La Mure** (873 m. d'alt.), au pied du Seneppi,
ne présente quelque intérêt au voyageur que par sa situation à la tête des routes de l'Oisans par le Valbonnais,
de Gap par Corps (la Salette, le Valgaudemar, le Champ-
saur), du Dévoluy, du Trièves, et de Vizille par Laffrey.

PIERRE-PERCÉE   *Phot. Oddoux*

Aux environs de La Mure, on peut visiter le beau PONT DE
PONSONNAS, pittoresquement jeté sur le Drac, près de son
confluent avec la Bonne, sur la route de (18 kil.) MENS et
(32 k.) CLELLES (desservie par des voitures publiques; 3 fr. 25),
station de la ligne de Briançon (V. page 176). Joli panorama
depuis le MONT-SIMON (1.213 m.; 2 h. aller et retour vers le
N.). Par la route de la vallée de la Roizonne, on accède à
La Morte, point de départ de l'ascension du Taillefer (2.861 m.;
V. page 158.)

La Salette. (Voitures publiques de La Mure à Corps, trajet
en 2 h. 30; prix 3 fr. — De Corps à la Salette, montée 2 h. 30,
4 fr.; descente 2 fr., 2 fr. 50). — Là route descend rapidement
dans la profonde vallée de la Bonne, que l'on franchit au Pont-
Haut, en laissant, à dr., la route de Mens et Clelles, et à g.
celle de Valbonnais, permettant d'accéder, par le col d'Ornon,
au Bourg-d'Oisans ou dans les belles vallées alpestres du Val-

senestre et du Valjouffrey, couronnées par les cimes gigantesques de la Muzelle et de l'Olan.

Au sommet de la côte rapide qui domine la rive g. de la

LA SALETTE

Bonne, près de son confluent avec le Drac, on traverse la région du BEAUMONT, aux nombreux hameaux encadrés de vergers, pendant que, sur la rive opposée se dressent les grands escarpements du Dévoluy, que domine la Tête de l'Obiou (2.793 m.).

(25 k.) **Corps** (962 m. d'alt.) est situé à l'entrée de la gorge de la Salette, sur un plateau dominant le Drac, en face du confluent de la Souloise, qui arrose la sauvage vallée du **Dévoluy**, où l'on visite l'intéressant passage des ÉTROITS, en aval du village de Saint-Etienne (22 k. de Corps).

La route de la Salette, se détachant vers l'E. de la route de (47 k.) Gap (desservie par des voitures publiques, 5 fr.; trajet en 5 h. 30), remonte la rive g. d'une étroite vallée, sur la rive dr. de laquelle s'élève un chemin muletier très sensiblement plus court. Au delà d'un petit défilé rocheux, on pénètre dans le grand cirque de pâturages de LA SALETTE-FALLAVAUX, où s'étagent divers hameaux.

Des pentes recouvertes de taillis conduisent ensuite aux alpages, au milieu desquels apparaît tout à coup, au pied du Gargas et derrière la verte colline isolée du mont Planeau, l'ÉGLISE DE NOTRE-DAME DE **la Salette** (9 kil. de Corps), édifiée de 1852 à 1861, à environ 1.800 m. d'alt., dans le style roman. Devant l'église, l'attention est attirée par la reconstitution en bronze des phases principales de l'apparition du 19 septembre 1846, devant les jeunes bergers Maximin Giraud et Mélanie Mathieu, au-dessus de la miraculeuse fontaine de la Vierge. De chaque côté de l'église se trouvent des pavillons servant d'hôtellerie.

Dans les environs de la Salette, on doit recommander la facile ascension du GARGAS (2.213 m.), offrant une merveilleuse vue, en particulier sur les montagnes de l'Oisans, et la traversée du joli COL D'HURTIÈRE, permettant de rejoindre, dans la vallée de la Bonne, la route du col d'Ornon (V. ci-dessus).

Aux environs de Corps, une des plus intéressantes excursions est celle de la magnifique vallée du **Valgaudemar** (voitures publiques de Corps à La Chapelle-en-Valgaudemar, trajet en 4 h., 6 fr.). Les pittoresques gorges des Oules, le Pic d'Olan, le Sirac, de nombreux passages de glacier faisant communiquer avec l'Oisans, la Vallouise, etc., font, de la Chapelle et du Clot, deux excellents centres de tourisme en Valgaudemar.

La route de La Mure à Vizille traverse, dans toute sa longueur la plaine de la *Matheysine*, parsemée des charmants *lacs de Pierre-Châtel, de Petit-Chat* et *de Laffrey*, dont on côtoie la rive O. Sur la rive opposée, de nombreux hameaux s'étagent au milieu des pâturages couvrant les flancs du Tabor et du Grand-Serre. Au S. se dresse la gigantesque muraille de l'Obiou.

LAC DE LAFFREY   *Phot. Oddoux*

Près de l'extrémité N. du grand lac de Laffrey (3 kil. de long sur 800 m. de large), se trouve, à 925 m. d'alt., le village de (13 k.) **Laffrey.**

Une plaque de marbre, scellée dans le mur du cimetière, rappelle la rencontre de Napoléon Ier, à son retour de l'île d'Elbe, avec le détachement du 5e de ligne qui, envoyé pour s'emparer de l'empereur, l'acclama.

De Laffrey à Notre-Dame-de-Vaulx, V. ci-dessus. — ASCENSION DE TAILLEFER (2.861 m.). En contournant le lac Mort, un chemin muletier conduit (3 h.) à LA MORTE, d'où l'on monte à Taillefer (V. p. 158). Un chemin carrossable met également La Mure en communication avec Séchilienne, station du tramway du Bourg-d'Oisans.

Au sortir de Laffrey, la descente s'accentue brusquement contre le flanc du Conex. La vallée de la Romanche

CORPS. — PONT-HAUT

forme un énorme cirque s'étendant à plus de 600 mèt. en contre-bas. Le bourg de Vizille en occupe le centre, tandis que, vers le N., remonte, vers Uriage, le vallon de Vaulnaveys, largement ouvert au pied des pentes boisées de Chamrousse. Plus loin, les crêtes du massif de la Grande-Chartreuse apparaissent au delà de la vallée de l'Isère.

(21 k.) *Vizille* (V. page 104), point de bifurcation des lignes de tramway : 1° du Bourg-d'Oisans; 2° De Grenoble, par Uriage; 3° de la gare P.-L.-M. de Jarrie-Vizille.

De la place du Château, le tramway, conduisant à la gare de Jarrie, se rapproche de la Romanche, qu'il ne tarde pas à longer. La gorge boisée se resserre progressivement et forme le pittoresque défilé de l'*Etroit*, à la sortie duquel on trouve, près du Pont de Champ, la gare P.-L.-M. de (24 k.) *Jarrie-Vizille*, à l'entrée de la large vallée du Drac.

14 kil. de chemin de fer (V. page 174) de la gare de Jarrie-Vizille à (38 k. de La Mure) Grenoble.

DE GRENOBLE A BRIANÇON PAR LE BOURG-D'OISANS, LA GRAVE ET LE LAUTARET
(VALLÉE DU VÉNÉON)

De Grenoble à Briançon, 115 kil. — Chemin de fer de Grenoble à (14 k.) Jarrie-Vizille (trajet en 30 min.; 1 fr. 55, 1 fr. 05, 0 fr. 70). — Tramway à vapeur de Jarrie-Vizille, par Vizille au Bourg-d'Oisans (35 k.). Trajet en 2 h. 30 env.; 3 fr. 60 et 2 fr. 70 ; aller et retour : 7 fr. 40 et 5 fr. 50.

De Grenoble, par le tramway électrique passant à Uriage, on accède également à Vizille (V. la description du parcours, page 63), où il correspond directement avec celui du Bourg-d'Oisans. — Les billets d'aller et retour sont indifféremment valables soit par Jarrie-Vizille, soit par Uriage.

Du Bourg-d'Oisans à Briançon, 66 kil. Voit. publ. et cars alpins automobiles. (V. page 166.)

14 k. entre les gares P.-L.-M. de Grenoble et de Jarrie-Vizille (V. page 174).

Le tramway, ayant son quai commun avec celui des trains venant de Grenoble, longe la rive dr. de la Romanche pour gagner (17 k. 300) **Vizille** (V. page 104).

Il suit la route bordée à g. par le parc du Château, tandis qu'à l'O. s'étend un cirque verdoyant dominé par le Conex (1.364 m.) dont le flanc est coupé, sur une longueur de 8 kilomètres, par la route de Laffrey.

(19 k. 800) *Le Péage-de-Vizille*. La vallée se rétrécit en une gorge profondément encaissée. (22 k. 700) *L'Ile-Falcon*.

(25 k.) **Séchilienne** (Buffet), à 361 m. d'alt., forme une verdoyante oasis au milieu des formidables escarpements rocheux qui l'entourent.

Au N. de Séchilienne, un chemin carrossable conduit au (3 h.) col de Prémol (V. page 98), d'où l'on peut monter à (4 h.) Chamrousse, ou descendre à Uriage.

Au S. de Séchilienne, sur la rive g. de la Romanche, un chemin muletier s'élève par (20 min.) SAINT-BARTHÉLEMY,

puis (2 h.) Belle-Lauze, pour gagner (3 h. 30) **La Morte**
(1.348 m. d'alt.), où la Société des Touristes du Dauphiné a
établi un chalet, excellent point de départ pour l'ascension
de **Taillefer** (2.861 m.), qui exige 5 h. (descente 3 h.). V.
Croquis-Itinéraire N° 27, du Syndicat d'Initiative.

La montée commence par des pentes peu rapides, tapissées

RIOUPÉROUX

de sapins, de pâturages et de rhododendrons. Au delà du
(2 h. 30) petit lac de Provourey, on accède, par le Pas de la
Mine, ou, plus bas, par le Pas de la Vache, sur l'arête de
Brouffier et à son filon de plomb argentifère. Puis, on atteint,
soit par le vallon du lac de l'Emay, soit par la haute arête de
Brouffier, le plateau rocailleux du (5 h.) sommet de Taillefer,
d'où l'on jouit d'un panorama de toute beauté, notamment sur
le massif du Pelvoux.

Au pied de la paroi rocheuse dominant la gorge de la Romanche, la vaste terrasse boisée et gazonnée du Poursallet
est parsemée de petits lacs, tandis que, vers le S., s'étend la
jolie vallée de Lavaldens, arrosée par la Roizonne.

Après avoir franchi la Romanche, on dépasse (29 k.)
Gavet, d'où se détache le sentier du Poursollet ;
(30 k. 500) *Les Clavaux;* (32 k. 800) **Rioupéroux**
à 554 m. d'alt. De loin en loin, pendant ce parcours,
d'importants établissements industriels, édifiés de façon
à ne nuire en rien aux perspectives grandiosement pittoresques du paysage, utilisent la force colossale du
torrent.

De Rioupéroux, un sentier conduit, en 5 h., à Chamrousse
(V. page 98.)

(36 k.) **Livet**. La route repasse sur la rive dr. de la vallée, en face, d'une usine actionnée par une dérivation de la Romanche, dont le déversoir forme une superbe cascade. A l'E. apparaissent les glaciers des Grandes-Rousses, pendant qu'on s'engage sur le cône de déjections du torrent de Vaudaine, qui forma, au XIIe s., avec celui de l'Infernet, situé vis-à-vis, un énorme barrage. Les eaux de la Romanche furent ainsi obligées à refluer dans la plaine du Bourg-d'Oisans, qui se transforma en un lac. Cette masse d'eau, désignée sous le nom de lac Saint-Laurent, rompit sa digue en 1219 et porta la dévastation jusqu'à Grenoble.

Le tramway franchit une dernière fois la Romanche, dont la gorge s'élargit progressivement, laissant, à g., la belle cascade de *Bâton*.

(32 k. 200) **Rochetaillée-Allemont**, près du confluent de l'Eau-d'Olle et en face de la montagne des Chalanches, qui possède une mine unique au monde par l'association de ses minerais de nickel, de cobalt, d'argent, avec présence du zinc, du cuivre, de l'or, du mer-

GARE DU BOURG-D'OISANS

cure, du fer, du manganèse, de l'antimoine, du soufre, de l'anthracite, etc.

Une voiture publique dessert la route remontant la combe de l'Eau-d'Olle, resserrée entre les massifs de Belledonne, des Grandes-Rousses et des Sept-Laux, pour gagner, en 2 h.

LIQUEUR DES PÈRES CHARTREUX "TARRAGONE"
Liqueur Pères Chartreux
Victor AUDIER
(Valence-s/-Rhône)
Vente exclusive :
Isère,
Drôme, Ardèche.
Hte-Loire,
Htes-Alpes et
Basses-Alpes

PANORAMA DU BOURG-D'OISANS

(prix 3 fr. 50) LE RIVIER (1.280 m. d'alt.), d'où un chemin
muletier conduit par (3 h.) les Sept-Laux, à Allevard (V.

CHALET DU COL DU GLANDON

page 202), et un autre par (6 h.) le col de la Coche (1.979), à
Brignoud, station de la ligne de Grenoble à Chambéry (V.
page 189).

En amont du Rivier, la voiture s'engage dans le défilé de Maupas et parvient, à travers des pâturages, au (4 h.) **Col du Glandon** (prix : 6 fr.), qui possède, à 1.981 m. d'alt., un chalet-

CASCADE DE SARENNES   *Phot. Charpenay*

hôtel, pendant qu'on laisse, à dr., le chemin du col de la Croix-de-Fer, allant à Saint-Jean-d'Arves.

La descente sur (9 h. de Rochetaillée ; 12 fr.) LA CHAMBRE, station de la ligne de Modane (V. page 210), s'effectue par la vallée des Villards, où les pittoresques costumes des femmes charment l'attention.

(46 k. 300) *La Paute-Ornon*, au débouché de la gorge de la Lignare, que remonte la route conduisant, par le col d'Ornon et le Valbonnais, à La Mure (V. page 153).

(49 k.) le **Bourg-d'Oisans** (719 m. d'alt.), sur la Rive, aux eaux cristallines.

Parmi les nombreuses promenades qu'offre ce centre de villégiature et de tourisme, doté d'hôtels confortablement installés, on doit recommander : la belle CASCADE DE SARENNES ; la MINE D'OR DE LA GARDETTE, sur le chemin muletier du VILLARD-NOTRE-DAME (1.552 m.), d'où le regard pénètre dans la vallée du Vénéon ; le charmant LAC LAUVITEL (1.800 m. d'alt.), à l'entrée de cette vallée ; la NOUVELLE ROUTE D'AURIS, construite en encorbellement dans les escarpements dominant la rive dr. de la vallée du Bourg-d'Oisans ; HUEZ, BRANDES, dans la région des **Grandes-Rousses**, dont le point culminant, le **Pic de l'Etendard** (3.473 m.), entouré de glaciers, est assez facilement accessible par le versant de l'Eau-d'Olle, grâce au REFUGE construit, par la Société des Touristes du Dauphiné, au LAC DE LA FARE (2.216 m.).

Mais l'excursion la plus merveilleusement pittoresque est celle de la vallée du Vénéon, desservie par une voiture publique montant, par (2 h.; prix 2 fr. 50) le Bourg-d'Arud, à (4 h.; 5 fr.) Saint-Christophe-en-Oisans.

La **Vallée du Vénéon** est le bassin d'écoulement des eaux du versant intérieur du cirque tapissé de glaciers que couronnent les formidables cimes de la Meije, des Ecrins, de l'Olan, etc.

Après avoir gagné la rive dr. de la vallée, en face de la cascade de Sarennes, on franchit de nouveau la Romanche au (5 k.) PONT-SAINT-GUILLERME, près de son confluent avec le

LAC LAUVITEL.   *Phot. Oddoux*

Vénéon, et on laisse, à g., la route du Lautaret. Au delà du (13 k. 300) **Bourg-d'Arud**, dépendant de **Venosc**, la route traverse l'effroyable amoncellement de roches éboulées du CLAPIER et débouche sur le (15 k. 600) **Plan du Lac**, qui offre, avec son cadre de cascades, de grandioses escarpements et de cimes neigeuses, un des plus merveilleux tableaux qu'on puisse contempler en montagne. La rampe des Fontaines-Bénites conduit au PONT DU DIABLE.

SAINT-CHRISTOPHE-EN-OISANS

Autour de (20 k.) **St-Christophe-en-Oisans** (1.470 m. d'alt.), centre de villégiature très apprécié, le massif du Mont-de-Lans, le vallon de la Selle, ceux de Lanchâtra, de la Mariande et de la Muande présentent des cimes et des cols aussi nombreux que variés d'aspect, de difficulté et de panorama. On doit signaler, entre autres : l'AIGUILLE DU PLAT DE LA SELLE (3.602 m.); le COL DE LA LAUZE (3.543 m.), conduisant à La Grave (V. ci-dessus); la ROCHE DE LA MUZELLE (3.459 m.); le PIC D'OLAN (3.578 m.); le COL DE LA HAUTE-PISSE (3.125 m.), aboutissant en Valjouffrey; le COL DE LA MUANDE, au-dessus de La Lavey, où un refuge, construit à 1.780 m. d'alt., fait communiquer avec le Valgaudemar.

Le chemin, devenu muletier, contourne le flanc de l'Aiguille du Plat de la Selle, dressée au centre du bassin du Vénéon, et, durant les 3 h. de son parcours, jusqu'à La Bérarde, il présente une succession de superbes tableaux. A l'issue de chaque vallon s'ouvrant sur la rive S., de jolies cascades se précipitent dans le lit, profondément encaissé, du Vénéon. A Champhorent, en face du débouché du vallon de La Lavey, au fond duquel apparaît la belle nappe glaciaire des Sellettes, la vallée forme brusquement un coude, se rétrécit, et prend un aspect d'absolue aridité. On se rapproche bientôt du torrent, pendant qu'à l'E. la vallée semble barrée par le massif des

Ecrins, dont le sommet principal (4.103 m.) est caché par le
PIC LORY (4.083), point culminant du département de l'Isère.

(2 h. 15 de Saint-Christophe) LES ETAGES. — On franchit
le torrent des Etançons en arrivant à (3 h.) **La Bérarde** (confortable chalet-hôtel de la Société des Touristes du Dauphiné),
située à 1.738 m. d'alt., au confluent des trois grandes vallées
et au pied de la Barre des Ecrins, point culminant du massif
du Pelvoux. Sa position en fait le centre véritable de l'alpinisme en Dauphiné.

La petite ascension de la TÊTE DE LA MAYE (2.522 m., 3 h.
de montée, 2 h. de descente), facilitée par un sentier, présente
un panorama splendide. Parmi les courses, aussi nombreuses
qu'intéressantes, des environs de La Bérarde, on doit surtout
mentionner : l'ascension du fameux Pic occidental de LA MEIJE
(3.982 m.), facilitée par la construction, par le Club Alpin,
des REFUGES DU CHATELLERET (2.350 m.) et DU PROMONTOIRE
(3.150 m.); l'ascension DES ECRINS (4.103 m.), qu'on peut
effectuer soit par le versant S., en utilisant le REFUGE DU
CARRELET (2.070 m.), soit par le glacier de la Bonne-Pierre,
le COL DES ECRINS, conduisant en Vallouise, et la face N.
tapissée des hauts névés du Glacier Blanc; le COL DE LA

BRÈCHE DE LA MEIJE, VUE DU GLACIER DE LA PILATTE

TEMPLE (3.283 m.), dominé par le PIC COOLIDGE (magnifique
belvédère de 3.756 m.), ou celle du COL DU SÉLÉ (3.302 m.),
faisant communiquer avec la Vallouise; le COL DU SAYS
(3.136 m.) et celui DU CHARDON (3.092 m.), desservant le

Valgaudemar ; la Brèche de la Meije (3.300 m.), descendant à La Grave ; le Col du Clot des Cavales (3.128 m.), dont le passage, facilité par un sentier du Club Alpin, fait directement accéder par l'Alpe du Villar-d'Arène au Lautaret.

LES ÉCRINS (4.103ᵐ D'ALT.), VUS DES ÉTAGES

Aux simples promeneurs, on doit recommander l'excursion dans le vallon des Etançons, jusqu'au pied du torrent de la Clause (3 h. aller et retour), d'où il peuvent admirer la muraille formidable de la Meije.

Un chemin muletier les conduira aussi, en 2 h., au grand glacier de la Pilatte.

Du Bourg-d'Oisans, par La Grave et Le Lautaret, à Briançon. — 66 k. Voit. pub.; trajet en 8 h. 30, 12 fr. (pour La Grave, 4 h., 5 fr.; Le Lautaret, 6 h., 7 fr. 50). — Service d'automobiles jusqu'au Lautaret.

Du Bourg-d'Oisans (49 k. de Grenoble), après avoir dépassé la cascade de Sarennes et franchi (54 k.) le *Pont Saint-Guillerme* (742 m.), où on laisse à dr. la route de la vallée du Vénéon, on s'élève sur la rive g. de la gorge de la Romanche par la rampe des Commères.

Au delà du tunnel de l'Infernet, long de 180 m., on atteint (60 k. 500) *le Frêney*. La gorge, resserrée de nouveau, reçoit, au N., les eaux du Ferrand, déversoir des glaciers E. des Grandes-Rousses. Le tunnel du Chambon conduit au (64 k.) *Dauphin*.

La combe de Malaval avec les cascades de la Pisse, du Rif-Tord, des Fréaux, les aperçus sur la croupe colossale du glacier du Mont-de-Lans, dont on distingue de loin en loin quelques branches suspendues contre les rochers parsemés d'alpages et d'arbres verts, captivent successivement l'attention pendant qu'on dépasse (73 k. 700) les mines de plomb argentifère du *Grand-Clos*.

(76 k. 300) **La Grave** sur le flanc d'un monticule que domine son église (1.526 m. d'alt.), en face de la Meije émergeant des gigantesques cascades de glace qui descendent vers la Romanche, est un centre de tourisme et de villégiature très fréquenté.

Un chemin muletier conduit (3 h. aller et retour), au glacier de la Meije.

Pour jouir du merveilleux aspect des formidables glaciers

LA MEIJE (3.987ᵐ D'ALT.), VUE DES ÉTANÇONS

environnant la Meije et de la colossale croupe glaciaire du Mont-de-Lans, qui n'a pas moins de 7 kil. de longueur, on ne saurait trop recommander de monter, par les hameaux des

Terrasses, du Chazelet, et le (2 h. 30) chalet de PLAN-PARIS (2.400 m.), au **Plateau de Paris,** dont les riches pâturages, parsemés de gracieux petits lacs, s'étendent vers les Grandes-Rousses.

LA BÉRARDE ET LE VALLON DE PILATTE

Sur la rive dr. de la Romanche, on monte, par des bois de mélèzes et des alpages, en 3 h., au CHALET-REFUGE EVARISTE-CHANCEL, situé près du lac de Puy-Vacher (2.400 m. d'alt.), dans un site remarquable, au pied du glacier du Lac, par lequel on peut gagner les glaciers de la Girone et du Mont-de-Lans, pour traverser le **col de la Lauze** (3.543 m.) et descendre, par le REFUGE DE LA SELLE (2.685 m.) ou celui du LAC-NOIR (2.870 m.), à Saint-Christophe-en-Oisans (V. ci-dessus).

La **Brèche de la Meije,** profondément encaissée à 3.300 m. d'alt., permet de gagner directement La Bérarde, que l'on peut atteindre aussi par divers passages de la région de l'Alpe du Villar-d'Arènes (V. ci-dessous).

On doit signaler encore une série de passages qui, depuis le col du Goléon jusqu'à celui des Prés-Nouveaux (2.352 m.), conduisent en Maurienne et offrent de splendides points de vue sur les cimes du massif du Pelvoux, ainsi que sur les trois **Aiguilles d'Arves,** dont les vertigineux obélisques, s'élançant à plus de 3.500 m. d'alt., ont acquis, avec **la Meije** (3.982 m.), une renommée très justifiée parmi les alpinistes.

Par le Villar-d'Arènes, un chemin muletier monte à (3 h. 30) l'**Alpe du Villar-d'Arènes** (2.120 m. d'alt.), délicieux centre d'excursions et d'ascensions, où le Club Alpin a construit un CHALET-HOTEL, et qui est mis en communication, soit avec Le Lautaret par le SENTIER DES CREVASSES, soit avec Le Monêtier-les-Bains par le chemin muletier du COL D'ARSINE (2.400 m.), avec La Bérarde, par un sentier facilitant la traversée du **col du Clot des Cavales** (3.128 m.).

Le COL EMILE-PIC (3.502 m.), fait descendre, par le Glacier Blanc, en Vallouise, et permet de gravir la BARRE DES ECRINS (4.103 m.), en utilisant le REFUGE ERNEST-CARON (3.250 m.). Parmi les sommets dont l'ascension doit être le plus particulièrement recommandée, autour de l'Alpe du Villar-d'Arènes, on doit mentionner tout spécialement **La Grande-Ruine** (3.754 m.), d'un accès relativement facile et dont le panorama est un des plus étendus des Alpes dauphinoises.

En quittant La Grave, on s'engage dans un tunnel de 280 m., qu'un pont sépare du tunnel des Ardoisières, long de 600 m. (80 k.) **Le Villar-d'Arènes** d'où se détache le chemin du joli vallon de l'Alpe du Villar-d'Arènes, que parcourt la Romanche, issue de ses vastes glaciers. Pendant que la route se déploie au-dessus du

LA MEIJE, VUE AU-DESSUS DE LA GRAVE *Phot. Oddoux*

village, la vue s'étend vers ce vallon, au fond duquel se dresse la cime de glace de la Barre-des-Ecrins. Vers l'O., la chaîne de la Meije et le Pic Gaspard, dominant le

Glacier de l'Homme, captivent de plus en plus l'attention, pendant qu'on progresse à travers d'immenses prairies.

(87 k. 300) **Col du Lautaret** (2.075 m.), grande station estivale, également fréquentée, en hiver, par les amateurs de ski, qui trouvent un terrain très approprié à leurs évolutions autour de son ancien refuge national, transformé en confortable hôtel avec d'importantes annexes.

Un des grands attraits du Lautaret est la richesse excep-

LA GRANDE-RUINE   *Phot. Oddoux*

tionnelle de sa flore. Un jardin alpin est entretenu, près de l'Hôtel, sous la direction de l'Université de Grenoble.

En dehors de l'ascension du PIC DE COMBEYNOT (3.163 m., 6 h. aller et retour), qui domine Le Lautaret au S., et celle de la ROCHE DU GRAND-GALIBIER (3.242 m., 5 h. de montée), qui présente un panorama merveilleux, on recommande la promenade du REFUGE DE L'ALPE DU VILLAR-D'ARÈNES, par le sentier des Crevasses.

Mais la course la plus généralement appréciée est celle du **col du Galibier** (2.658 m.) présentant une vue panoramique merveilleuse sur la Barre des Ecrins, la Meije, le Mont-Blanc, etc., et facilement accessible jusqu'à hauteur du tunnel, ouvert à 2.550 m. d'alt., par une route de voitures que des cars-alpins

CHALET-HOTEL DE L'ALPE DU VILLAR-D'ARÈNES

desservent pour mettre le Lautaret en communication directe
avec Saint-Michel-de-Maurienne (8 fr. 50), sur la ligne de
Modane.

Du Lautaret, on descend dans le Briançonnais par la

LE LAUTARET ET LE GALIBIER

LA MEIJE ET LE PIC GASPARD, VUS DU COL DU LAUTARET (2.075^m D'ALT.)

Phot. Oddoux

vallée de la Guisane, à l'horizon de laquelle se dresse le pic de Rochebrune, dans la direction de Briançon. Après avoir traversé deux tunnels, le caractère du paysage se modifie en un gracieux cadre de forêts de mélèzes. (95 k.) *Le Lauzet* (1.687 m.), (99 k.) *Le Casset* (1.515 m.), se montre au S., à l'entrée du vallon du Petit-Tabuc, avec le glacier d'Arsine, couronné du *Pic des Agneaux* (3.660 m.).

Dans l'axe de la vallée du Petit-Tabuc, que remonte le chemin muletier du COL D'ARSINE (2.400 m.), conduisant à l'Alpe du Villar-d'Arènes, apparaît le massif de la Meije avec l'aiguille terminale bizarrement surplombante de son PIC CENTRAL, appelée le DOIGT DE DIEU.

(101 kil.) **Le Monêtier-les-Bains** (1.493 mèt.), possède l'excellente *source thermale de la Rotonde* (40°), utilisée en boisson, et celle de *la Font-Chaude* (50°), exploitée pour des bains.

Ces eaux sulfatées calcaires, sédatives et calmantes, sont employées pour les embarras gastriques, les ankyloses, les fractures et les paralysies.

Au S. de Monêtier, le sentier muletier du COL DE L'EYCHAUDA (2.429 m.), conduit en 6 h. à Ville-Vallouise.

Au N., le COL DE BUFFÈRE (2.430 m.), fait communiquer, en 5 h. 30, avec Névache, par un chemin muletier. Plus à l'O., le COL DE LA PONSONNIÈRE, fait rejoindre, en 7 h., à Valloire, la route du Lautaret à Saint-Michel.

Parmi les nombreuses excursions des environs du Monêtier, on doit encore indiquer, dans le vallon du Tabuc, celle du Glacier du Monêtier.

La route dépasse (103 k. 500) *Les Guibertes;* (107 k.) *Villeneuve*, en laissant à g. *La Salle;* (109 k. 500) *Chantemerle ;* (111 k.) *Saint-Chaffrey.* A dr. descend une route conduisant directement à la gare de Briançon. La vallée s'élargit en un cirque, dont le centre est occupé par (115 k. 500) **Briançon** (V. page 185).

DE GRENOBLE PAR VEYNES ET GAP
A BRIANÇON
(QUEYRAS ET VALLOUISE)

218 kil. de Grenoble à Briançon. Chemin de fer. Trajet en 6 h. 15 à 8 h. 30 ; 24 fr. 65, 16 fr. 65, 10 fr. 90. — Ce parcours, complété par celui de Briançon à Grenoble par le Lautaret (V. ci-dessus), fait l'objet du Billet circulaire n° 36, de la Cie P.-L.-M. (35 fr., 29 fr., 24 fr.), permettant d'effectuer ce

voyage circulaire autour du massif du Pelvoux dans un sens ou dans l'autre.

De Grenoble à (8 k.) *Pont-de-Claix*, on longe le cours Saint-André, aux ombrages séculaires. Puis on côtoie le Drac, dont les eaux torentueuses ravagent la large plaine étendue au pied des fertiles coteaux que couronnent les escarpements des montagnes du Villard-de-Lans.

(14 k.) *Jarrie-Vizille*, station située à 3 k. de cette dernière ville (V. page 157), que dessert une ligne de tramway à vapeur correspondant avec celles d'Uriage et du Bourg-d'Oisans. On franchit la Romanche descendue de l'énorme bassin glaciaire de l'Oisans. Vers le N., les montagnes de la Grande-Chartreuse ne cessent guère d'attirer l'attention jusque vers le col de la Croix-Haute, point culminant de la voie ferrée.

(19 k.) *Saint-Georges-de-Commiers*, embranchement de la pittoresque ligne de La Mure (V. page 148). En franchissant le Drac, on distingue à une grande hauteur, sur sa rive g., l'ouverture d'un tunnel dans lequel on pénétrera après avoir quitté (21 k.) *Vif*, à 320 m. d'alt.

La voie gravit une rampe de 25 millimètres par mètre et décrit un lacet, en traversant un tunnel puis un viaduc de 18 arches, pour passer à une centaine de mètres au-dessus de la gare de Vif. On côtoie bientôt les grands escarpements de la rive g. du Drac et on pénètre presque aussitôt dans le tunnel du Haut-Brion, long de 1.148 m., qui débouche sur la verdoyante vallée de la Gresse, dominée par les crêtes de la Moucherolle (2.289 m.).

(33 k.) *Saint-Martin-de-la-Cluze*, à 621 m. d'alt. Près du hameau de La Pierre, se trouve la *Fontaine Ardente*, une des 7 anciennes merveilles du Dauphiné, formée d'émanations de gaz hydrogène. Le paysage prend un caractère de plus en plus alpestre.

(43 k.) **Le Monestier-de-Clermont** (846 m.), possède une source d'eau minérale gazeuse estimée comme eau de table.

Lieu de villégiature estivale très estimé et point de départ d'excursions intéressantes, le Monestier-de-Clermont est un centre de sport d'hiver admirablement approprié tout spécialement aux courses en skis.

Au delà du tunnel du col du Fau, on entre dans la vallée du Trièves, dont le cirque, profondément raviné, est dominé à l'E. par l'Obiou, derrière lequel apparaissent les cimes neigeuses de l'Oisans.

(48 k.) *Saint-Michel-les-Portes*, est le principal centre

MONT-AIGUILLE   *Phot. Oddoux*

des excursions dans le massif du *Grand-Veymont* (2.346 m.), sommet de la chaîne du Vercors, dont on côtoie la base des contreforts jusqu'au delà du col de la Croix-Haute.

Viaducs et tunnels se succèdent, permettant à peine d'apercevoir, à dr., le **Mont-Aiguille** (2.097 m.), jadis une des 7 merveilles du Dauphiné, gravi dès 1492. Ses escarpements formidables, devenus une sorte d'école d'escalade de rochers parmi les alpinistes, peuvent être examinés à loisir de la gare de (57 k.) **Clelles** à 830 m. d'alt.

Des voitures publiques desservent (14 kil.) **Mens** (trajet en 2 h., 1 fr. 50), ancienne capitale du Trièves, près de laquelle s'exploitent les eaux ferrugineuses, gazeuses, bicarbonatées et magnésiennes d'Oriol, excellentes pour la table et efficaces contre les rhumatismes, l'anémie.

(61 k.) *Le Percy ;* (67 k.) *Saint-Maurice-en-Trièves* (B.), à 980 m. d'alt. La voie ferrée contourne de nombreux ravins aux parois tapissées de sapinières, pendant que les viaducs et les tunnels se succèdent de plus en plus nombreux. La vallée se resserre en une étroite gorge.

(76 k.) Le **Col de la Croix-Haute** est ouvert à

LUS-LA-CROIX-HAUTE   *Phot. Charpenay*

1.166 m. d'alt. à l'E. de la *Montagne de Jocon* (2.056 m,), superbe belvédère d'accès très aisé. On traverse de riches pâturages encadrés de coteaux couverts de récentes plantations d'arbres verts. A dr., s'élève la route du col de Grimone, desservant Die (V. page 33), tandis qu'on descend vers (82 k.) **Lus-la-Croix-Haute** (1.013 d'alt.), qu'on laisse à g., près de l'entrée de la combe de Trabuëch,

de Madame Carle (1.851 m.) où, du REFUGE CÉZANNE, ils peuvent, sans aucune difficulté, jouir du merveilleux spectacle offert par la gigantesque cascade du Glacier Blanc et par le Glacier Noir, encaissé entre les parois du Pelvoux et des Ecrins.

Les alpinistes trouvent, au-dessus du Pré de Madame Carle, sur la rive g. du Glacier Blanc, le REFUGE TUCKETT (2.504 m.) et le REFUGE ERNEST-CARON (3.250 m.), qui facilitent de nombreuses ascensions, dont la principale est celle du point culminant du massif du Pelvoux, la **Barre-des-Ecrins** (4.103 m.). — Ils peuvent aussi, de ces mêmes refuges, franchir le COL EMILE-PIC (3.502 m.), descendant vers La Grave, le COL DES ECRINS (3.415 m.), conduisant à La Bérarde, etc.

On peut encore gagner directement La Bérarde, soit depuis le refuge Cézanne, par le COL DE LA TEMPLE (3.283 m.) et le Glacier Noir, soit depuis les chalets d'Ailefroide, par le COL DU SÉLÉ (3.302 m.) et le Glacier de la Pilatte.

De la voie ferrée on voit, à l'entrée de la vallée de la Gyronde, descendre de la Vallouise les restes du *mur des Vaudois* ou *rempart de la Bâthie* (XIVᵉ s.). En longeant les profondes gorges de la Durance, on traverse cinq tunnels, avant de déboucher dans un riant vallon, d'où l'on aperçoit, sur la rive g., le pittoresque hameau de Saint-Martin-de-Queyrières.

BRIANÇON

(213 k.) *Prelles*, à 1.152 m. — La vallée s'élargit; au fond s'aperçoit bientôt Briançon et, plus loin, se dresse le Chaberton, que couronnent des travaux militaires italiens.

(218 k.) **Briançon.** La gare, située près de la Du-

rance, à 1.203 m. d'alt., au faubourg industriel de Sainte-Catherine, possède un Terminus-Hôtel. Une longue avenue s'élève vers Briançon, dont la triple enceinte est couverte par des forts se montrant à plus de 2.600 m. d'alt.

Construit à 1.320 m. d'alt., sur la pente du contrefort de la Croix-de-Toulouse (1.973 m.), au confluent de la Durance et

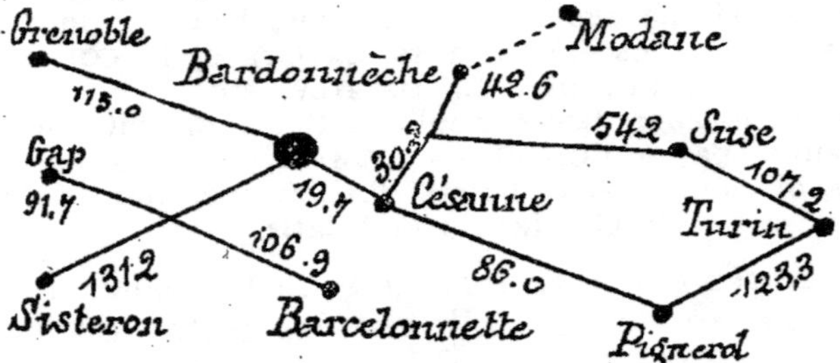

Carte des distances kilométriques par route des environs de **Briançon**
(H. Dolin)

de la Guisanne, Briançon est traversé par une longue et étroite rue médiale, au milieu de laquelle un ruisseau se précipite dans une rigole appelée « la Gargouille », qui aboutit place de la Paix. A l'E. de cette place, d'où la vue est fort belle, une route descend, en longeant la Durance, au Pont d'Asfeld, jeté à 50 m. au-dessus du torrent.

Parmi les plus belles excursions des environs de Briançon, on doit recommander la promenade au PONT BALDY, à l'entrée de la vallée de la Cerveyrette ; l'ascension de (6 h. 30 aller et retour) NOTRE-DAME-DES-NEIGES, et du (8 h. aller et retour) SIGNAL DE PROREL (2.572 m. d'alt.) ; la route de la vallée de la Clairée jusqu'à (20 k.) **Névache,** d'où l'on peut effectuer des promenades très variées et entreprendre l'ascension du Mont-Thabor (3.182 m.), en descendant sur Modane ou Bardonnèche; le COL DE L'ECHELLE (1.790 m.), descendant sur Bardonnèche; le COL DES ROCHILLES (2.451 m.), rejoignant la route du Galibier ; le col des Ayes (2.500 m.) ou celui d'IZOARD (desservi par une route de voitures), conduisant en Queyras ; l'ascension de **Rochebrune** (3.324 m.), par Cervières.
Une mention spéciale doit être réservée à la traversée du **Mont-Genèvre** (1.860 m., voitures publiques, trajet jusqu'à Oulx, 27 k., en 5 h., 6 fr.; Césane, 19 k., en 3 h. 45, 4 fr. 50; Mont-Genèvre, 11 k., en 2 h. 30, 3 fr., V. page 188). — Le plateau du Mont-Genèvre, merveilleusement disposé pour les évolutions en skis, a été, en 1907, le théâtre du premier concours international de sports d'hiver en France. Briançon, par son altitude, sa facilité d'accès, sa situation à proximité du Lautaret, des vallées de la Clairée, des Ayes, de la Cervey-

CONCOURS DE SKIS AU MONT-GENÈVRE

Phot. Oddoux

rette, etc., est particulièrement indiquée comme centre sportif hivernal, et rien n'a été négligé pour y attirer, désormais, les amateurs de ces sports, en y préparant, notamment, d'excellentes pistes pour luges, bobsleighs, sauts en skis, etc.

Le passage du Mont-Genèvre peut être considéré comme le meilleur et le plus direct moyen d'accès du Haut-Dauphiné depuis l'Italie (V. page 206). On le comprend aussi, souvent,

LE MONT-GENÈVRE EN HIVER   *Phot. Oddoux*

dans un voyage circulaire empruntant, d'autre part, soit le COL DU GALIBIER (V. page 170) et faisant ainsi visiter le Lautaret, Modane et la ligne du Mont-Cenis, soit le COL LA-CROIX, ce qui permet de voir le Queyras avec le Viso, et la superbe vallée du Pellice, en revenant par Pignerol et Turin.

VOIES D'ACCÈS DE LA SAVOIE

De Grenoble à Chambéry

ET

Aix-les-Bains

(ALLEVARD ET SEPT-LAUX)

77 k. Chemin de fer ; trajet en 1 h. 40 à 3 h. 20 : 8 fr. 75, 5 fr. 90, 3 fr. 85. — Jusqu'à Pontcharra (station correspondant avec le tramway d'Allevard), trajet en 44 min. à 1 h. 10 : 4 fr. 70, 3 fr. 20 ; 2 fr. 05.

Voir aussi, page 115, par le tramway de Chapareillan, et le billet circulaire itinéraire A J (17 fr. 10, 15 fr. 15 et 12 fr. 45) de Grenoble à Allevard, Sept-Laux, Rivier-d'Allemont, Rochetaillée, Vizille.

On traverse la vallée de l'Isère en décrivant une grande courbe vers le N., pour se rapprocher des contreforts boisés de la chaîne de Belledonne, aux grandioses cimes couvertes de neiges éternelles.

Gières, à 6 k. de la station thermale d'Uriage (V. page 85). La voie ferrée, longeant un moment l'Isère, présente, vers le N., une fort belle vue sur la Dent de Crolles (2.066 m.), tandis qu'à l'E. les coteaux, couverts de châtaigneraies, s'entrouvent de loin en loin, laissant apparaître, dans l'axe des gorges profondes, quelques cimes neigeuses de Belledonne.

(11 k.) *Domène*, au débouché de la gorge du Doménon qui, descendu des névés de Belledonne, en formant la superbe cascade de l'Oursière (V. p. 97-99), actionne divers importants établissements industriels (V. p. 85).

(16 k. 500) *Lancey*, que domine le château où est mort, en 1878, l'évêque Dupanloup, possède une papeterie et une usine électrique (éclairage du Graisivaudan et traction du tramway de Grenoble à Chapareillan) actionnées par une chute d'eau de 473 m. 50, qu'alimentent les névés de Belledonne. — A l'O., on aperçoit la jolie cascade de Craponoz, descendant du plateau de Saint-Pancrasse, étendu au pied de la Dent de Crolles,

dont la gigantesque muraille dominant la rive dr. de l'Isère, s'étend jusqu'au Mont-Granier, en face de Mont-mélian. — A l E., au fond d'un étroit vallon boisé, à l'entrée duquel est situé le château de Vorze, se dressent les trois Pics de Belledonne (2.981 m. d'alt.) et la Grande-Lance, émergeant d'une ceinture de glaciers.

LA DENT DE CROLLES ET LA VALLÉE DE L'ISÈRE

(20 k.) *Brignoud*, avec son château du Mâs. sur le flanc d'une colline que couronne l'ancienne tour forte de Montfalet ou de Laval, possède une importante pape-terie actionnée par une chute d'eau de 160 mètres, dé-rivée du torrent voisin et par un transport de force élec-trique dont les générateurs se trouvent au pied des Sept-Laux, dans la haute vallée d'Allevard.

De Brignoud on peut gagner, en 9 h., par le chemin mule-tier du COL DE LA COCHE (1.979 m.) au Rivier-d'Allemont, la route de l'Oisans, à La Chambre, par le col du Glandon, V. page 160.

On laisse, à dr., Froges, où le torrent des Adrets actionne plusieurs usines.

(26 k.) *Tencin*, dont le château a été reconstruit au XVIIIe s. par le marquis de Monteynard, à la place de

celui qui appartint à la célèbre Mme de Tencin, sœur du cardinal de ce nom, et mère de d'Alembert. (On obtient l'autorisation de visiter, au fond du parc, le site extrêmement pittoresque du *Bout du Monde*, où l'on admire notamment une superbe cascade formée par le torrent impétueux, dont le sentier longe le lit étroitement encaissé entre de grands escarpements de roche schisteuse.

Une voiture publique dessert (7 kil., 2 h. à pied) THEYS, charmante station de villégiature située, à 600 mèt. d'alt., dans une riante vallée que dominent de belles forêts de sapins.

De Theys on va, en 9 h. 39, par le COL DU MERDARET (1.820 m.) aux Sept-Laux, et en 4 h., par le COL DE BARIOT (1.053 m.), à Allevard.

CHATEAU DE LA ROCHETTE

Sur la rive dr. de la vallée de l'Isère se montre la jolie cascade de La Terrasse, pendant qu'on approche de (30 k. 700) *Goncelin*, d'où l'on gagnait le plus habituellement (10 k. 500) Allevard (voiture publique 1,50) par la belle gorge du Fay et Saint-Pierre-d'Allevard, avant la construction du tramway à vapeur partant de la gare de Pontcharra.

(36 k. 600) *Le Cheylas-la-Buissière*, où vient se raccorder, à dr., par un grand plan incliné, le chemin de fer industriel d'Allevard. — La vallée s'élargit, à l'E., laissant voir, sur une colline isolée, les restes du *château*

PONT DE DÉTRIER. — GORGES DU BRÉDA

Bayard, où l'on peut visiter (30 min. de Pontcharra) la chambre où naquit, vers 1473, le célèbre « chevalier sans peur et sans reproche ». A l'O., le *fort Barraux*, se montre sur un mamelon, au pied des escarpements du Granier (1.738 m.).

(41 k. 400) **Pontcharra-sur-Bréda** (273 m. d'alt.).

Allevard et les Sept-Laux. — De la gare P.-L.-M. de Pontcharra, un tramway à vapeur conduit à Allevard, 15 kil., trajet en 35 min. Prix : 1 fr. 40 et 0 fr. 85. (Depuis Grenoble : 56 kil., trajet en 2 h. à 2 h. 55 ; prix : 6 fr., 3 fr. 95, 2 fr. 85.)

Après avoir traversé le bourg industriel de (1 k. 500) Pontcharra et laissé, sur la rive g. de la gorge du Bréda, l'intéressante route montant en contournant la colline que couronne la belle TOUR D'AVALLON, haute de 60 mèt., pour gagner, par le Moutaret (13 kil.) Allevard, le tramway s'engage dans la gorge profonde et resserrée du Bréda, dont il longe la rive dr. — (4 kil.) Les Bretonnières ; (6 kil.) La Chapelle-Blanche ; (7 kil.) Les Millières ; (8 kil.) DÉTRIER.

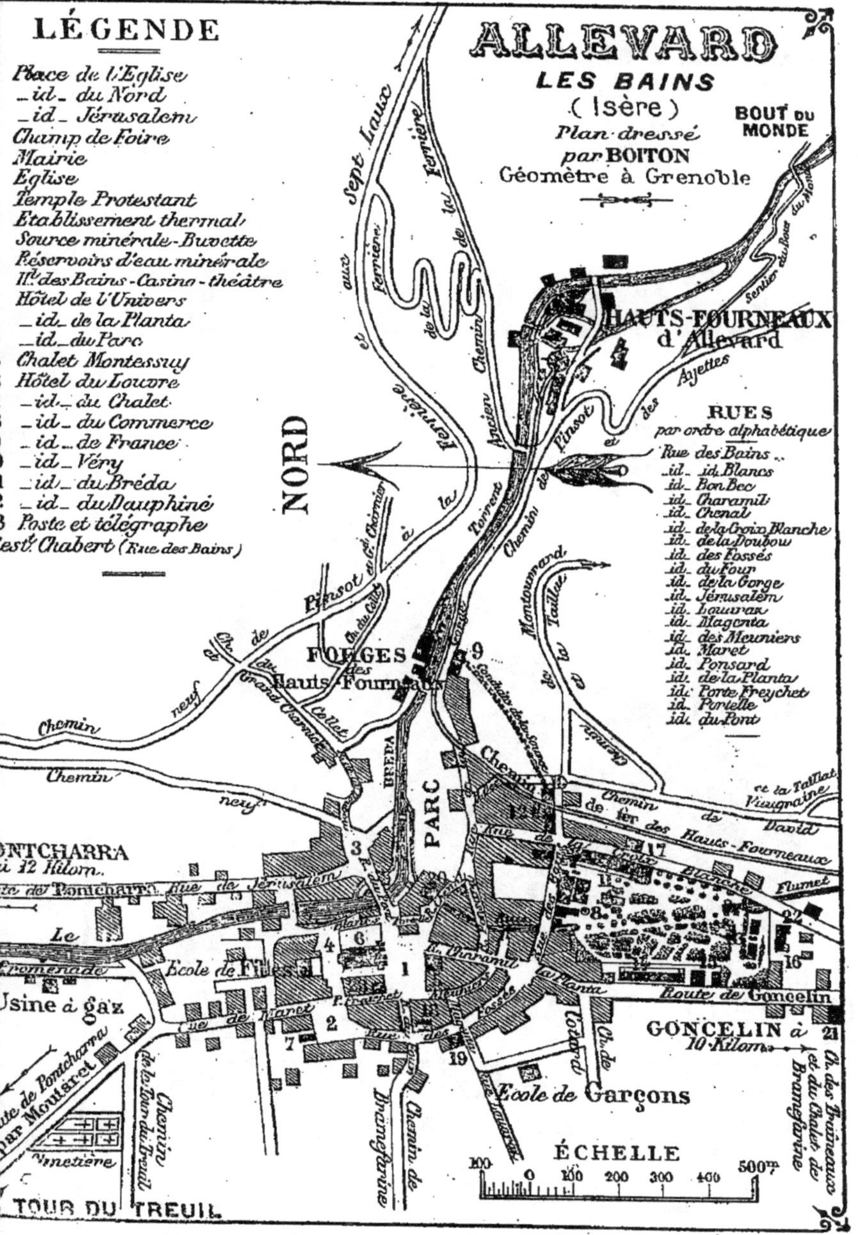

LÉGENDE
Place de l'Eglise
_id_ du Nord
_id_ Jérusalem
Champ de Foire
Mairie
Eglise
Temple Protestant
Etablissement thermal
Source minérale-Buvette
Réservoirs d'eau minérale
H.l des Bains-Casino-théâtre
Hôtel de l'Univers
_id_ de la Planta
_id_ du Parc
Chalet Montessuy
Hôtel du Louvre
_id_ du Chalet
_id_ du Commerce
_id_ de France
_id_ Véry
_id_ du Bréda
_id_ du Dauphiné
Poste et télégraphe
Rest.t Chabert (Rue des Bains)
ALLEVARD
LES BAINS
(Isère)
Plan dressé
par BOITON
Géomètre à Grenoble
BOUT DU MONDE
NORD
HAUTS-FOURNEAUX
d'Allevard
RUES
par ordre alphabétique
Rue des Bains
_id_ _id_ Blancs
_id_ Bon Bec
_id_ Charamil
_id_ Chenal
_id_ de la Croix Blanche
_id_ de la Doubou
_id_ des Fossés
_id_ du Four
_id_ de la Gorge
_id_ Jérusalem
_id_ Louvrax
_id_ Magenta
_id_ des Meuniers
_id_ Maret
_id_ Ponsard
_id_ de la Planta
_id_ Porte Freychet
_id_ Portelle
_id_ du Pont
Sept Laux
aux Ferrière
de la Ferrière
Ancien Chemin
Chemin de
Torrent du Pinsot
des Ayettes
Sentier du Four du Mont
FORGES
des
Hauts-Fourneaux
Chemin du Collet
Grand Charmet
Collet
neuf
Chemin
Chemin
neuf
de
Pinsot et du Chemin
à
la
Montourrard
de la Taillat
à
Aiguail
BREDA
PARC
Chemin
Chemin de fer des Hauts-Fourneaux
et la Taillat
Vieugraine
David
MONTCHARRA
à 12 Kilom.
Route de Montcharra
Rue de Jérusalem
Le
Promenade
Usine à gaz
Ecole de Filles
rue de France
Route de Pontcharra
par Montrorvet
Chemin
de la Tour du Treuil
Cimetière
TOUR DU TREUIL
Chemin de
Brangfarine
Ecole de Garçons
la Planta
Route de Goncelin
GONCELIN à
10 Kilom.
Ch. des Piscineaux
et du Chalet de
Brangfarine
ÉCHELLE
100   0   100   200   300   400   500m

Au N. de la station de Détrier se détache la bifurcation conduisant, par (1 kil.) Saint-Clair et (2 kil.) Saint-Maurice, à (3 kil.) LA ROCHETTE (345 m. d'alt.), le centre le plus important de la vallée du Gelon, qui conserve sur un rocher, d'où l'on jouit d'une belle vue, les restes de son ancien château, détruit sous Louis XIII.

On franchit le Bréda au Pont de Détrier. — (9 kil.) LE MOUTARET, station située à 30 min. au-dessous de ce village. A g., s'ouvre la vallée du Bens, que suit la route de la Chartreuse de Saint-Hugon. Bientôt la vallée du Bréda, qu'on fran-

ALLEVARD ET LE GLACIER DU GLEYZIN

chit une nouvelle fois, s'élargit entre les pentes verdoyantes de Brame-Farine qui tapissent son versant O. et les flancs boisés du Grand-Collet, à l'E.

(11 kil.) LA CHAPELLE-DU-BARD (382 m.). On s'élève sur la rive dr. qu'ombragent de beaux et nombreux noyers, tandis que, sur la rive opposée, apparaît la Tour du Treuil.

(15 kil.) **Allevard**, situé à 475 mèt. d'alt., à l'issue de la gorge étroite du Bréda, descendu des Sept-Laux, et au milieu d'une vallée encadrée de prairies et de forêts, est une cité industrielle et une station thermale également renommées.

Les hauts-fourneaux sont alimentés par le minerai de fer exploité, au S.-E., sur les flancs de la Taillat et produisant des aciers fins dont la qualité exceptionnelle était déjà célébrée par César.

Quant à l'EAU SULFUREUSE d'Allevard, elle est unique en hydrologie par les gaz qu'elle contient, acide sulfhydrique, acide carbonique et azote. Employée en boisson, en bains, en

ALLEVARD. — CASINO

douches d'eau et de vapeur, en inhalation, elle est principalement indiquée pour les maladies des voies respiratoires, mais on l'utilise aussi avec succès contre l'hypertrophie des amygdales, les affections scrofuleuses des os, les fistules, les catarrhes vésicaux, etc.

L'ÉTABLISSEMENT THERMAL, très confortablement aménagé

ALLEVARD. — ÉTABLISSEMENT THERMAL

à l'extrémité S. de la ville, possède, en dehors de nombreux cabinets de bains et de douches, 7 salles d'inhalation froide et diverses salles séparées d'inhalation tiède et chaude, de pulvérisation chaude pour les maladies du larynx, des salles pour les douches pharyngiennes, enfin des locaux spéciaux pour les bains de pieds, les bains de vapeur, l'hydrothérapie et le traitement des maladies des femmes.

A l'entrée du parc se trouve une jolie buvette avec salle pour le gargarisme. La source, appelée dans le pays l'Eau Noire, a 16°7. Son eau sulfureuse, parfaitement limpide quand elle est versée dans le verre, devient rapidement laiteuse sous l'influence de la déperdition de son acide carbonique libre. La présence de ce gaz donne aux eaux d'Allevard un avantage très marqué sur les Eaux-Bonnes en les rendant plus agréables à boire et plus faciles à digérer.

Le CASINO, coquettement aménagé avec ses salles de théâtre, de lecture, de jeux et de conversation, domine le Parc, dont les beaux ombrages abritent des pavillons de jeux divers, et où sont construits plusieurs hôtels importants.

Environs d'Allevard. — La situation d'Allevard est une des plus belles des Alpes dauphinoises. De quelques côtés que se portent les regards, on découvre un charmant paysage ou un grand tableau dans le cadre où s'étend sa verdoyante vallée que domine, à l'O., le coteau de Brame-Farine

(1.231 m.), à l'E., la longue croupe du Crêt du Poulet (1.930 m.), les glaciers du Gleyzin descendant vers le fond de la gorge du Bréda, etc.

Aussi, promenades, excursions, ascensions s'offrent-elles innombrables. Des plaques indicatrices facilitent, d'autre part, beaucoup d'entre elles.

Parmi les plus faciles, les plus courtes et les plus intéressantes, on doit signaler celle du **Bout du Monde,** auquel on accède par un chemin tracé sur la rive g. du Bréda, au-dessus des hauts-fourneaux. Au delà du pavillon d'entrée (0,50 par personne), on descend dans la gorge, aux parois rocheuses parsemées d'arbres et de verdure, et au fond de laquelle le torrent roule bruyamment. Par une passerelle on atteint, sur la rive dr., la cascade du Bout du Monde, que dominent, au loin, les glaciers du Gleyzin.

Les collines qui environnent Allevard offrent, entre autres agréables buts d'excursions et merveilleux points de vue : à 15 ou 20 min. du village, au S., les châtaigneraies du coteau de MONTOUVRARD ; à l'O., les ruines du CHATEAU DE LA BASTIE, sur les bords d'un ravin pittoresque ; au N., la TOUR DU TREUIL, monument bien conservé datant du IX° ou du X° s.

Mais la course classique des environs d'Allevard est l'as-

ALLEVARD. — LE BOUT DU MONDE

cension de **Brame-Farine** (1.231 m. d'alt.), dont la crête boisée est aisément atteinte en 1 h. 45 environ de marche au milieu de prairies parsemées d'arbres verts, et qui présente un panorama superbe sur les glaciers du Gleyzin, les montagnes des Sept-Laux, de la Grande-Chartreuse, des Bauges, de la Mau-

CHAMBÉRY. — DENT DU NIVOLET ET MONTAGNE DE L'ÉPINE

rienne et de la Tarentaise, ainsi que sur les magnifiques vallées de l'Isère et d'Allevard, s'étendant au pied du touriste.

Du chalet de Brame-Farine, édifié sur la crête, on peut descendre en traîneaux (4 fr. pour deux personnes) à Allevard, en 30 min. environ, par de rapides prairies et des chemins ravinés. Cette « descente en ramasse » a été agréablement décrite, par Alphonse Daudet, dans « Numa Roumestan ».

2 h. environ sont nécessaires pour monter à **La Taillat**, où s'exploitent des mines de fer spathique. On peut, de là, gagner, par la longue croupe gazonnée du Crêt du Poulet (5 h. d'Allevard), le COL DU MERDARET (1.840 m. d'alt.), en jouissant d'une vue superbe sur les massifs des Sept-Laux et du Gleyzin, dont les eaux s'écoulent en longues cascades dans la gracieuse vallée de la Ferrière qu'on domine à l'E. Du col du Merdaret, un sentier descend, soit à l'E., dans la vallée de la Ferrière, au Curtillard (V. ci-dessous), soit à l'O., dans la vallée de l'Isère sur Theys et Tencin. (V. p. 191).

La **Chartreuse de Saint-Hugon** (3 h. d'Allevard), ne présente qu'un intérêt secondaire par les restes qu'on y peut voir ; mais cette belle excursion, faisable en voitures, fait parcourir l'admirable forêt qui encadre très pittoresquement la sauvage gorge du Bens. Près du Pont du Diable, jeté à plus de 80 mèt. au-dessus du torrent, une maison forestière s'offre comme excellent point de départ pour effectuer de très intéressantes excursions au PIC DES GRANDS-MOULINS (2.497 m.), aux COLS DE LA FRAICHE, D'ARPANGON et DE LA PIERRE, aboutissant en Maurienne, etc.

Entre les vallées du Bens et du Bréda, le massif du COLLET présente de jolis buts de promenades, depuis l'excursion aux GROTTES DE LA JEANNETTE (25 min. d'Allevard), jusqu'à l'escalade du GRAND-COLLET (1.924 m.).

Les ascensionnistes peuvent encore gravir les cimes du GRAND-CHARNIER (2.964 m.), du GRAND CLOCHER DU FRÊNE

(2.8c8 m.), du GRAND-GLEYZIN (2.789 m.), de PUY-GRIS (2.906 m.), point culminant du massif, etc. Ils ont aussi à choisir pour se rendre en Savoie, entre divers passages, tels que les COLS DU MERLET, DE VALLOIRE, DE LA CROIX. Quant aux promeneurs, ils varieront agréablement leurs excursions en parcourant les pittoresques vallées du Veyton et du Gleyzin.

Les Sept-Laux (V. CROQUIS-ITINÉRAIRE Nº 13, du Syndicat d'Initiative) demeurent cependant, entre toutes les excursions des environs d'Allevard, la plus recommandable. (Voiture publique d'Allevard au Curtillard, trajet en 3 h., 3 fr.) Un chemin muletier traverse (6 h. du Curtillard) le col des Sept-Laux et rejoint, près du (9 h. 30) Rivier-d'Allemont, la route de l'Oisans à la Chambre, par le col du Glandon. (V. p. 160).

La route remonte, au milieu de forêts, la rive dr. du Bréda, où elle laisse, à g., la gorge étroite du Veyton. La vallée, élargie, présente, à (7 k.) PINSOT, une jolie vue, à l'E., sur le vallon du Gleyzin. (12 k.) LA FERRIÈRE (909 m. d'alt.) avec ses prairies, ses bosquets, les cascades de ses torrents, la perspective des aiguilles rocheuses et des cimes neigeuses qui, au loin, signalent le voisinage des Sept-Laux, rappelle les plus jolis paysages suisses. Après avoir dépassé (13 k. 300) le Grand-Thiervoz, on atteint (14 kil.) le **Curtillard,** centre d'excursions et de villégiature de la haute vallée du Bréda.

La route de voiture cesse au ruisseau de Vaujelas, descendu du col du Merdaret. A g., le chemin de la Combe-de-Madame permet de visiter (15 min.) la magnifique CASCADE DU FOND DE FRANCE, dont les deux chutes sont formées par le Bréda descendu des Sept-Laux.

Le chemin muletier s'élève en lacets à travers les sapinières étagées au-dessus du hameau de Fond-de-France (1.033 m.). Il passe au chalet du Gleyzin (1.610 m.), puis à celui des (4 h. du Curtillard) Deux-Ruisseaux (2.000 m. env.), près de la

rive g. du Bréda, dont on admire, de loin en loin, les belles
cascades. — (5 h.) On passe entre le lac de la Motte et le
lac Cotepen ; puis, pendant que se dérobent à la vue la vallée
de La Ferrière, le lac du Bourget et les montagnes qui l'encadrent, on traverse une large combe pierreuse, où l'on côtoie,
à g., le lac du Cos ou du Col (2.182 m. d'alt.), sur la rive O.
duquel se trouve (6 h. env. du Curtillard) le CHALET DES
SEPT-LAUX, construit par la Société des Touristes du Dauphiné.

De ce chalet, occupé en été par un gérant, il est loisible
d'escalader les sommets voisins de la sauvage vallée des

CASCADE DES SEPT-LAUX   *Phot. Oddoux*

Sept-Laux et dont le plus élevé, le PIC DE LA PYRAMIDE ou
ROCHER BLANC (2.931 m.), accessible en 4 h. 30 aller et retour
par le col de l'Amianthe, présente un panorama extrêmement
étendu sur l'Oisans, la Maurienne, la Tarentaise, le Mont-
Blanc, la chaîne de Belledonne, le lac du Bourget, etc.

Du col des Sept-Laux (5 min. S. du chalet), on jouit d'une
belle vue sur l'Oisans. Le sentier, tracé à l'O. des lacs Leplan,
de la Corne et de la Sagne, descend vers (7 k.) le col de
l'Homme, d'où les Grandes-Rousses et Belledonne, enserrant
la profonde vallée de l'Eau-d'Olle, se présentent sous un de
leur plus bel aspect. On rejoint directement, par de nombreux
lacets tracés dans une haute cheminée en partie gazonnée,
(9 h.) la route du col du Glandon, longeant la rive dr. de
l'Eau-d'Olle, en amont du (9 h. 30) Rivier-d'Allemont, V.
page 160.

LA CHAÎNE DE BELLEDONNE, VUE DES SEPT-LAUX

Phot. Oddoux

Au sortir de la gare de Pontcharra, et 300 m. après avoir franchi le Bréda, le chemin de fer entre en Savoie. — (46 k. 800) *Sainte-Hélène-du-Lac*, près d'un lac de 39 hectares. En franchissant l'Isère on aperçoit, à dr., en aval, le Mont-Blanc.

(49 k.) **Montmélian** (285 mètres d'alt., B.), station située à la bifurcation de la ligne d'Italie par Modane (V. p. 191), et à 1 k. 500 du village de Montmélian, que domine un mamelon sur lequel se trouvent les vestiges du fort de ce nom.

(53 k.) *Chignin-les-Marches*, à dr. s'élève, vers le N., la tour de la Biguerne, où naquit saint Anthelme, et à g. se trouve l'église de *Notre-Dame-de-Myans*, lieu de pèlerinage situé près des abîmes de Myans, que forma l'éboulement d'une partie du Mont-Granier, ensevelissant 5.000 personnes dans la nuit du 24 novembre 1248.

De Chignin-les-Marches, une voiture publique dessert (5 k., 50 cent.) Chapareillan, tête de ligne du tramway électrique conduisant à Grenoble. (V. p. 122).

(63 k.) **Chambéry** (B.), V. p. 210.

(72 k. *Viviers*. On aperçoit bientôt, vers l'O., le lac du Bourget.

(77 k.) **Aix-les-Bains** (B.), V. p. 231.

DE PARIS A AIX-LES-BAINS
ET A CHAMBÉRY

595 k. Trajet en 9 h. Prix 66 fr. 65, 45 fr., 20 fr. 30, pour Chambéry. — 581 k. Trajet en 8 h. 40. Prix 65 fr. 05, 43 fr. 90, 28 fr. 60 pour Aix-les-Bains.

440 k. de Paris à Mâcon, V. p. 10.

On laisse, à dr., la ligne de Lyon, puis on franchit la Saône. — (447 k.) **Bourg-en-Bresse** (B.) ; dans le faubourg Saint-Nicolas, l'église de Brou (XVIe s.), renferme de superbes mausolées.

Certains trains express abandonnent, à Dijon, la grande ligne de Paris à Mâcon pour atteindre, par (428 k.) Saint-Amour, (457 k.) Bourg, où s'embranchent aussi la ligne de Lyon, par les Dombes, et celle de Genève, par Nantua et Bellegarde.

On franchit l'Ain, profondément encaissé, à (497 k.) *Pont-d'Ain*.

(509 k.) **Ambérieu-en-Bugey** (B.), embranchement de la ligne de Lyon (52 k.; 5 fr. 80, 3 fr. 95, 2 fr. 55), qui présente l'itinéraire le plus direct pour aller en Savoie.

La voie ferrée s'engage dans la pittoresque cluse de l'Albarine ou des Hôpitaux, ouverte dans la chaîne du Jura. On dépasse les trois petits lacs des Hôpitaux, situés entre les bourgs industriels de (527 k.) Tenay et (540 k.) Rossillon.

(547 k.) *Virieu-le-Grand*, bifurcation de la ligne de (15 k.) Belley, rejoignant, à (47 k.) Pressins, la ligne de (57 k.) Saint-André-le-Gaz à Chambéry, V. p. 26.

Au delà de (551 k.) *Artemare*, on contourne le pied du Colombier (1.534 m. d'alt.) et on entre dans la vallée du Rhône, pendant que les montagnes neigeuses de la Savoie et du Dauphiné apparaissent vers le S.

(559 k.) **Culoz** (B.), embranchement de la ligne de Genève (67 k., 7 fr. 50, 5 fr. 05, 3 fr. 30).

On franchit le Rhône, et, en passant à (566 k.) *Chindrieux*, on voit à dr., sur un mamelon, le château de Chatillon, signalant la proximité immédiate du superbe lac du Bourget, dont il domine l'extrémité N., et qu'on ne tarde pas à cotoyer. Sur la rive opposée apparaît (5 k.) l'abbaye Hautecombe, au pied des escarpements de la longue crête rocheuse formant la Dent du Chat (1.400 m.).

(581 k.) **Aix-les-Bains** (B.), V. p. 210, séparé, par la colline de Tresserve, du lac du Bourget, dont on aperçoit l'extrémité S. en passant à (586 k.) Viviers. — (595 k.) **Chambéry** (B.), V. p. 210.

DE TURIN A AIX-LES-BAINS

219 k. Trajet en 4 h. 30. Prix : 25 fr. 70, 17 fr. 70, 11 fr. 55.

46 k de Turin à *Bussoleno*, embranchement de **Suse** qu'on ne tarde pas à dominer en passant à (53 k.) *Méana*, en face de la cime Rochemelon (3.537 m. d'alt.), à l'O. de laquelle s'ouvre la vallée du Mont-Cenis. Tun-

MODANE

nels et viaducs se succèdent pendant qu'on s'élève sur le versant N. du massif de l'Assiette, en remontant la rive dr. de la Dora Riparia. — (60 k.) *Chiomonte*. Bientôt on voit *Exilles*, au pied du massif d'Ambin. — (70 k.) *Salbertrand*.

(66 k.) **Oulx.**

D'Oulx, des voitures publiques desservent (27 k., trajet en 4 h. 45, 6 fr.) Briançon, en passant par (8 k.) CÉSANNE et (14 k.) CLAVIÈRES, où se trouve la douane italienne, à l'entrée du vaste plateau de pâturages du (15 k.) **Col du Mont-Genèvre** (1.860 m. d'alt.) que domine, au N., le Chaberton (3.138 m.) et, au S., le Mont-Janus (2.514 m.). Au delà de l'obélisque, rappelant la construction de la route, en 1802, on rencontre (16 k.) le hameau de MONT-GENÈVRE (douane française), puis on descend, à travers bois, sur la rive dr. de la Durance, simple ruisseau qui n'est, en réalité, qu'un affluent de la Clairée, arrosant une charmante vallée qu'on atteint à (24 k.) LA VACHETTE. — (27 k.) **Briançon**, V. p. 185.

Après avoir dépassé (81 k.) *Beaulard* et (87 k.) *Bardonnèche* (1.247 m. d'alt.), on pénètre dans le *tunnel du Fréjus* ou du *Mont-Cenis*, long de 13.671 mèt., à la sortie duquel on descend sur (106 k.) **Modane** (B.), à 1.074 mèt. d'alt., où se trouvent les douanes française et italienne.

Parmi les nombreuses excursions des environs de Modane, on recommande spécialement celle de (1 h. 20 de montée) NOTRE-DAME-DE-CHARMAIX, dans un site très pittoresque, a 1.508 m. d'alt., sur le chemin d'ascension du MONT-THABOR (3.182 m.), superbe belvédère, dont l'accès facile exige 7 h. de montée ; la descente du Mont-Thabor, sur Bardonnèche, demande 4 h.

Haute-Maurienne. — (V. billet circulaire P.-L.-M., n° 42.) — De Modane, des voitures publiques, remontant la haute vallée de l'Arc, conduisent, par (18 k.) TERMIGNON (point de départ de la traversée du COL DE LA VANOISE, 3.527 m. d'alt., vers Pralognan, Brides et Moutiers, V. page 250), à (26 k., trajet en 2 h. 45, prix 3 fr.) **Lanslebourg**, d'où l'on peut gagner, au delà de la frontière italienne (38 kil.), le **col du Mont-Cenis** (1.930 m. d'alt.), lieu de villégiature très apprécié, avec son gracieux lac entouré d'alpages, dont la flore est des plus riches. La route descend ensuite sur (30 k.) SUSE, V. ci-dessus.

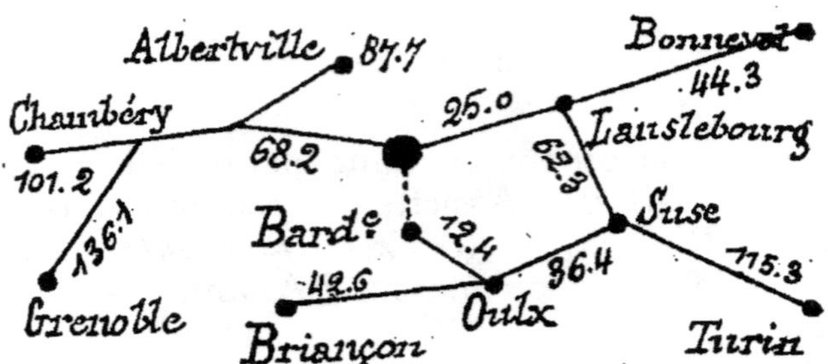

Carte des distances kilométriques par route des environs de **Modane**
(H. Dolin)

En amont de Lanslebourg, des voitures publiques desservent, en été, la vallée supérieure de l'Arc, en passant par (38 kil.) BESSANS (1.721 m. d'alt.), situé au débouché de la vallée d'AVÉROLE (2.035 m.), hameau le plus élevé de France avec celui de l'ECOT (2.045 m.), près de Bonneval et sur le chemin d'Usseglio, par le COL DE L'AUTARET (3.070 m.), ou par le COL D'ARNAS (3.035 m.). — De Bessans, on fait l'ascension très recommandée de ROCHEMELON (3.537 m.), celle de l'Albaron (3.662 m.), de la pointe de Charbonel (3.760 m.), etc., etc.

(46 kil., 5 h. 1/2, prix 7 fr. de Modane) **Bonneval**, à 1.835 m.

ENVIRONS DE MODANE. — LE BOURGET ET FORTS DE L'ESSEILLON

d'alt., station terminus des voitures, possède un chalet-hôtel de la section lyonnaise du Club Alpin. Situé au pied du col du Mont-Iseran, Bonneval est un centre d'excursions très fréquenté par les alpinistes qui y trouvent un excellent point de départ, notamment, pour l'ascension du signal du Mont-Iseran (3.241 m.), de la cime d'Oin (3.277 m.), de l'Aiguille Pers (3.451 m.), de la Ciamarella (3.676 m.), de la pointe de Chalanson (3.530 m.), et de la Levanna (3.640 m.), dont le sommet occidental (3.593 m.), d'accès assez aisé, est particulièrement recommandé. — Par le COL DE SÉA (3.095 m.), ou par le COL DE GIRARD (3.084 m.), on va de Bonneval à Forno, et par le COL DE CARRO (3.140 m.), à Ceresole.

Un sentier muletier, franchissant (2 h. 30) le **col du Mont-Iseran** (2.769 m. d'alt.), fait passer de la vallée de l'Arc, qui arrose la Maurienne, dans la vallée de la Haute-Isère ou Tarentaise, en descendant à (5 k. de Bonneval) **Val d'Isère**.

Une route carrossable, desservie par une voiture publique, conduit par (33 kil.) BOURG-SAINT-MAURICE, situé au pied du COL DU PETIT-SAINT-BERNARD, à (60 kil., prix 11 fr. de Tignes, 4 fr. de Bourg-Saint-Maurice) **Moutiers**, tête de ligne du chemin de fer rejoignant, par (28 kil.) Albertville, (52 kil.) Saint-Pierre-d'Albigny, V. ci-dessous.

Au sortir de la gare de Modane, on traverse le cône de déjections du torrent de Charmaix, qui ensevelit en partie le village de Fourneaux, en 1906. On descend la vallée de l'Arc en traversant de nombreux tunnels. — (112 kil.) *La Praz.* — (122 kil.) **Saint-Michel.**

De Saint-Michel, une route, desservie par des voitures publiques, en été, conduit, en 3 h. 20, à VALLOIRE (1.430 m. d'alt.), et par (8 h. 30) le COL DU GALIBIER (2.658 m. d'alt.), gagne (9 h. 40, prix 12 fr.) **le Lautaret** (V. page 170), en offrant de magnifiques points de vue sur la Meije et les Ecrins (4.103 m.). — Ce parcours est compris dans l'itinéraire du billet circulaire P.-L.-M. n° 37.

(128 kil.) *St-Julien-Montricher.* — (134 kil.) **Saint-Jean-de-Maurienne** (buvette), à l'entrée de la vallée de l'Arvan.

ROUTE DU MONT-CENIS

De Saint-Jean-de-Maurienne, une route conduit à (23 k., voitures publiques 3 fr. 50, aller et retour 6 fr.) SAINT-JEAN-D'ARVES, d'où on peut atteindre, en 4 h. environ, le pied des AIGUILLES D'ARVES (3.509 m. d'alt.), dont les trois colossales pyramides dominent de charmants pâturages.

De nombreux passages permettent de gagner directement
la vallée de la Romanche, notamment par le col des Prés-
Nouveaux ou par celui de Martignare, vers La Grave, ou par
le col de la Croix-de-Fer, vers Allemont et le Bourg-d'Oisans,
V. pages 160 et 167.

(138 kil.) *Pontamafrey*. — (144 kil.) *La Chambre*.

En face, sur la rive g., la vallée des Villards est desservie
par une voiture publique conduisant par (4 h. 30, prix 6 fr.)
le COL DU GLANDON (1.931 m. d'alt., chalet-hôtel) dans la pit-
toresqes vallée de l'Eau-d'Olle, ouverte entre les Grandes-
Rousses et les massifs des Sept-Laux et de Belledonne, pour
aboutir à (10 h., prix 12 fr.) la station de Rochetaillée-Allemont, sur la ligne du tramway du Bourg-d'Oisans, V. p. 159.

Sur la rive droite, un excellent chemin muletier conduit,
par le COL DE LA MADELEINE (1.984 m. d'alt.), à (11 h. de
marche) Moutiers, V. page 243.

(149 kil.) *Les Chavannes*. — (157 kil.) *Epierre*.

Au delà de (167 kil.) *Aiguebelle*, la gorge de l'Arc
se replie vers le Sud avant de déboucher dans la vallée
de l'Isère, sur la rive droite de laquelle se montrent les
ruines du château de Miolans.

(180 kil.) **Saint-Pierre-d'Albigny** (B.), embranchement de la ligne d'Albertville-Moutiers, V. page 241.

Au N., une route de voitures s'élève, par de nombreux lacets, au (6 k.) COL DU FRÊNE (956 m. d'alt.), d'où elle gagne,
par (15 kil.) Ecole, (20 kil.) **Le Châtelard**, bourg principal du
massif des Bauges, offrant de charmants buts d'excursions.
Après avoir atteint (33 k.) le COL DE LESCHAUX (904 m.), la
route descend, en présentant des points de vue aussi variés
que superbes, sur le lac d'Annecy (49 kil.) Annecy (V. page
264).

(191 kil.) **Montmélian** (B.), V. page 204 la description de la ligne de Montmélian à (201 kil.) **Chambéry** et (219 kil.) **Aix-les-Bains.**

CHAMBÉRY

Ancienne capitale du duché de Savoie et, depuis 1860,
chef-lieu du département de ce nom, Chambéry possède
environ 22.000 habitants. Pendant la belle saison, la
proximité d'Aix-les-Bains donne à la ville une animation

particulière, contrastant quelque peu avec le calme habituel de ses rues propres et bien ordonnées.

Les montagnes qui environnent la plaine de Chambéry ne laissent entre elles que deux trouées assez larges, dont l'une, au N., s'étendant jusqu'au lac du Bourget, l'autre, à l'E., se prolongeant vers les hautes cimes des Sept-Laux et de Belledonne, dans une troisième, plus resserrée et située au S.-O., serpente la route qui conduit aux Echelles.

Située à 270 m. d'alt., dans une plaine fertile, sur le torrent de la Leysse, qui y reçoit celui de l'Albane,

CHAMBÉRY. — VUE GÉNÉRALE

Chambéry est dominée, vers le N., par la Dent du Nivollet (1.553 m.), que couronne une énorme croix métallique.

Ses boulevards, ouverts sur l'emplacement occupé jadis par les remparts, aboutissent vers le N.-O., par l'avenue de Savoie, au Verney, où ils rejoignent le boulevard de ce nom conduisant, de la gare, au jardin public, dont le parc, présentant de beaux ombrages, est à proximité du faubourg Maché, le plus important de la ville ; alors que le faubourg de Montmélian s'étend sur la route de Turin, et, celui du Reclus, sur la rive dr. de la Leysse, en bordure de la route d'Aix-les-Bains.

Chambéry, siège d'un archevêché et chef-lieu d'une

académie, est une des villes de province où le goût des choses intellectuelles a toujours été le plus répandu. Son *Syndicat d'Initiative* se trouve place Octogone.

Cité industrielle, elle fabrique des gazes de soie dont la réputation est universelle, de même que celle de son vermout. Elle possède aussi une tannerie, une chamoiserie, une fabrique de ciment, des fonderies, etc.

VISITE DE CHAMBÉRY

Tarif des voitures de place : course, de 6 h. du matin à 10 h. du soir, 1 cheval, 75 cent.; 2 chevaux, 1 fr.; l'heure, 2 fr. et 3 fr.

CHAMBÉRY. — MONUMENT DU CENTENAIRE

En sortant de la gare, on suit, à g., vers l'extrémité S. de la place de la Gare, la rue Sommeiller, pour traverser

Grands Magasins de Nouveautés

AUX

DAMES DE FRANCE

Boulevard de la Colonne, CHAMBÉRY

Les plus vastes et les plus modernes de la région.

Nouveautés	Sports
Confections	Tourisme
Articles de Paris	Souvenirs
Meubles	Articles de Voyage
Photographie	Parfumerie
Hydrothérapie	Vélocipédie

Dépôt du GANT REYNIER

Livraisons par Services automobiles

Entrée entièrement libre

la Leysse sur le Pont du Reclus, vis-à-vis le *Monument du Centenaire* de la première réunion de la Savoie à la France, en 1792, par Falguière. En remontant le boulevard de la Colonne, à g. duquel se trouve l'*Hôtel des Postes et du Télégraphe*, on parvient à la **Fontaine des Eléphants** par Sappey. Du piédestal de la colonne de marbre, couronnée de la statue du général de Boigne, bienfaiteur de la ville, sortent quatre éléphants en bronze qui donnent de l'eau par leurs trompes.

On laisse, à g., le boulevard du Théâtre, aboutissant au Théâtre, et on s'engage, en face de la Fontaine des Eléphants, dans la *rue de Boigne*, bordée d'arcades dans

CHAMBÉRY. — COLONNE DES ÉLÉPHANTS

la moitié de sa longueur et à l'extrémité de laquelle on aperçoit le Château.

A hauteur de la *place Octogone*, où se trouve le siège du *Syndicat d'Initiative* de la Savoie, on laisse, à dr., l'Hôtel de Ville pour suivre, à g., la rue Saint-Réal conduisant à la **Cathédrale**, (XIVe et XVe s.), sous l'édifice s'étend une crypte du XIe s.

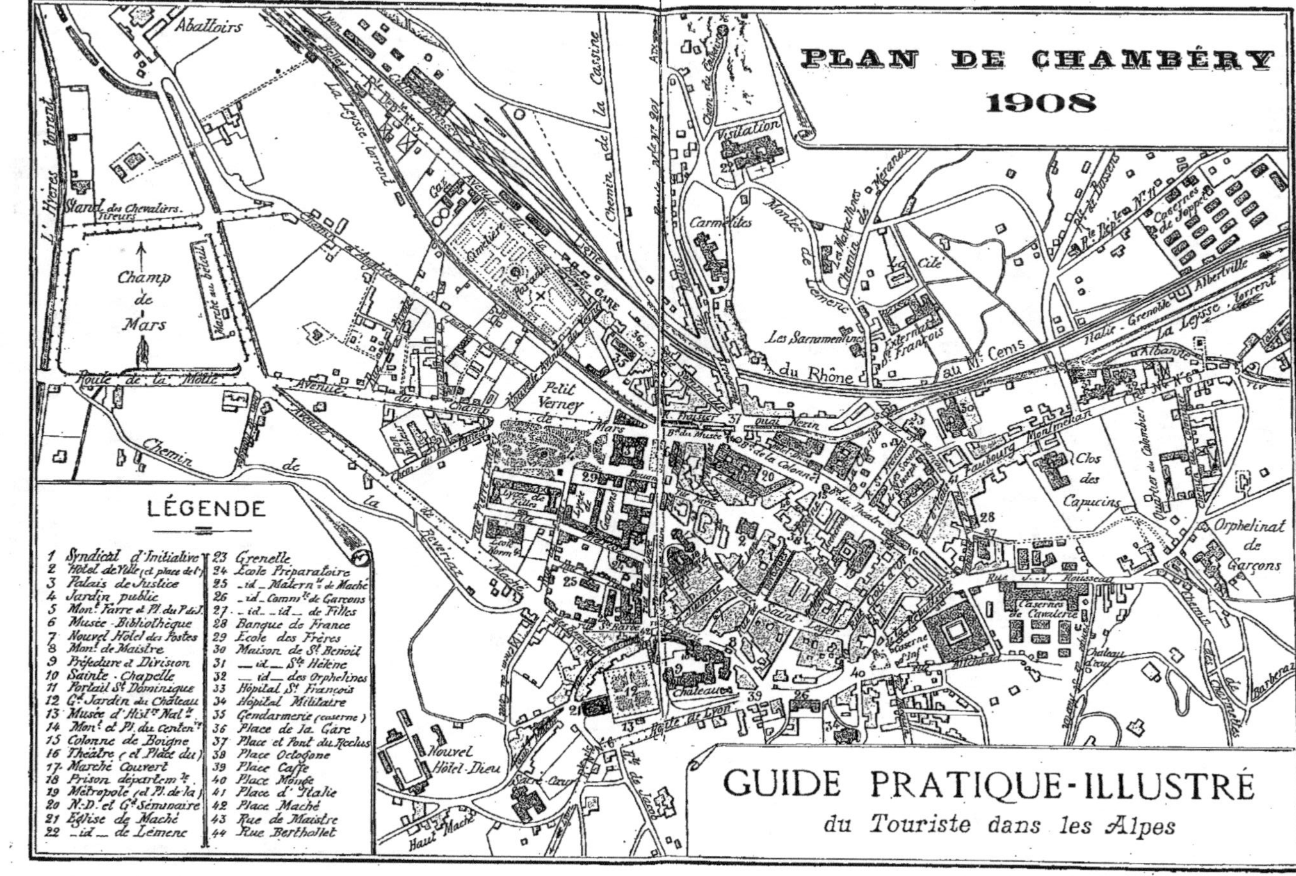

PLAN DE CHAMBÉRY
1908
GUIDE PRATIQUE-ILLUSTRÉ
du Touriste dans les Alpes

LÉGENDE

1 Syndicat d'Initiative
2 Hôtel de Ville (et place de l')
3 Palais de Justice
4 Jardin public
5 Mont Favre et Pl. du Pdt J.
6 Musée-Bibliothèque
7 Nouvel Hôtel des Postes
8 Mont de Maistre
9 Préfecture et Division
10 Sainte-Chapelle
11 Portail St Dominique
12 Gd Jardin du Château
13 Musée d'Histe Natle
14 Mont et Pl. du Centenre
15 Colonne de Boigne
16 Théâtre (et Place du)
17 Marché Couvert
18 Prison départemte
19 Métropole (et Pl. de la)
20 N.-D. et Gd Séminaire
21 Église de Maché
22 _id_ de Lémenc
23 Grenelle
24 École Préparatoire
25 _id_ Maternle de Maché
26 _id_ Comnle de Garçons
27 _id_ _id_ de Filles
28 Banque de France
29 École des Frères
30 Maison de St Benoit
31 _id_ Ste Hélène
32 _id_ des Orphelines
33 Hôpital St François
34 Hôpital Militaire
35 Gendarmerie (caserne)
36 Place de la Gare
37 Place et Pont du Reclus
38 Place Octogone
39 Place Caffe
40 Place Monge
41 Place d'Italie
42 Place Maché
43 Rue de Maistre
44 Rue Berthollet

La rue de la Métropole aboutit à la place *Saint-Léger*, large rue que l'on descend vers le N. pour gagner, par la rue de Boigne, la place du Château.

Le *monument des frères Joseph et Xavier de Maistre*,

CHAMBÉRY. — RUE DE BOIGNE

par Ernest Dubois, est érigée au pied des rampes conduisant au **Château** construit sur une éminence, au XIIIe s., mais plusieurs fois agrandi, et dont il subsiste trois tours, dont la plus intéressante est celle de l'E.

Dans l'enceinte du Château, où sont installés, en des bâtiments modernes, la préfecture et le général commandant la subdivision, se trouve le *Grand Jardin*, vaste terrasse ombragée de marronniers. A côté du Château, la **Sainte-Chapelle** (XVIᵉ s.) présente un beau chevet gothique. On doit recommander aussi la visite de la

CHAMBÉRY. — LE CHATEAU, VUE DU GRAND JARDIN

tour, semi-circulaire à l'intérieur, du haut de laquelle on jouit d'une fort belle vue s'étendant sur le lac du Bourget. Près de cette tour et de la partie supérieure de la rampe d'accès, du côté de la rue du Lycée, a été reconstruit le beau *portail Saint-Dominique* (XVᵉ s.). Au S.-O. du Château se trouvent un *Jardin botanique* et un petit Musée d'histoire naturelle.

On peut redescendre par la rue du Lycée, qui conduit sur la place du Palais de Justice s'étendant sur la rive dr. de la Leysse, entre le Musée-Bibliothèque et le Palais

de Justice, et au milieu de laquelle se voit la *statue du Président Antoine Favre*, jurisconsulte éminent et père de Vaugelas, par A. Gumery.

Le **Musée**, à l'E. de la place, est public tous les jours, de 1 h. à 4 h. en hiver. de 1 h. à 5 h. en été, excepté les lundi et vendredi (sauf pour les étrangers qui peuvent le visiter de 10 h. à 5 h.).

Rez-de-chaussée. — COLLECTIONS D'ANTIQUITÉS. — On y

CHATEAU DE CHAMBÉRY ET MONUMENT DES FRÈRES DE MAISTRE

remarque, notamment, une superbe série concernant la Savoie: à dr. (vitrines I et II) objets de l'âge de pierre ; (vitrines III à X et au milieu) palafittes du lac du Bourget ; (vitrines XI à XIII), antiquités romaines, superbe CADUCÉE découvert à Lemenc ; (vitrines XIV à XVI) ethnographie ; (vitrines XVII et XVIII) objets du moyen âge ; (vitrine XIX) collection du comte de Savoiroux, près de laquelle est placée une jolie boiserie, de François Cuenot, provenant d'un buffet d'orgue de la Sainte-Chapelle du château ; (vitrine XX) armes et uniformes, entre autres celui porté par le roi Charles-Albert à la bataille de Novare ; (vitrine XXI) médailles et miniatures ; (vitrine XXII) faïences de Savoie ; (vitrine XXIII) costumes de Savoie ; (vitrine XXIV) bois d'imprimeurs de Savoie. — Au milieu de la salle sont disposés divers moulages ; un marbre,

par ETEX, représentant saint Benoît sur un lit de ronces, et un relief de la frontière des Alpes, du Mont-Blanc au Mont-Genèvre, par le lieutenant Lehr.

Dans une SALLE, à g., sont réunis des portraits monnaies et médailles concernant la Savoie.

1er Etage. — BIBLIOTHÈQUE (publique tous les jours non fériés, de 9 h. à midi, et de 2 h. à 5 h.) possède 40.000 volumes et, entre autres manuscrits, le magnifique Bréviaire d'Amédée VIII, le testament de J.-J.-Rousseau, etc.

2e Etage. — SALLE I : tableaux modernes. — SALLE II :

CHAMBÉRY. — LE MUSÉE

plusieurs tableaux anciens ; Vierge, par Sassoferrato ; Christ en croix, par Santi di Tito ; Circoncision, par Goltzius ; Cène, par Godefroy ; l'Avarice, par Honthorst. — SALLE III : copies et tableaux modernes. — SALLE IV : collection du baron Gariod ; portraits, masque en marbre, par Laurana ; beaux meubles anciens. — SALLE V : Didon, Judith, par le Calabrese ; Sainte-Famille, par A. del Sarto ; Muse par Dosso Dossi ; Rixes de musiciens ambulants, par les frères Lenain ; Charles-Emmanuel Ier, Marguerite de Valois, par Carrachyo.

Derrière le Palais de Justice s'étend le *Jardin public*, à l'extrémité N.-O. duquel on traverse l'avenue de Savoie, suivie par le tramway de La Motte-Servolex, pour rejoindre directement, par le boulevard du Verney, la Gare.

ENVIRONS DE CHAMBÉRY

Le Syndicat d'Initiative de la Savoie organise, en été, des services de cars-alpins facilitant les excursions aussi nombreuses que charmantes présentées par les environs de Chambéry.

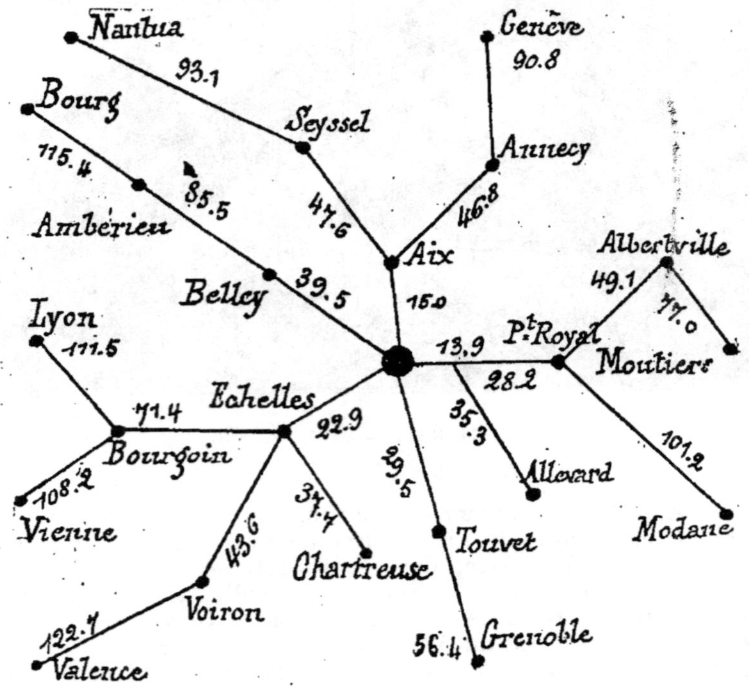

Carte des distances kilométriques par route des environs de **Chambéry**
(H. Dolin)

Lemenc. — On s'élève au N. de la ville, par le faubourg du Reclus, que traverse la route d'Aix-les-Bains, pour atteindre la très ancienne église de *Lémenc*, dont la crypte a été édifiée en partie, à l'époque carlingienne, sur les ruines d'un temple de l'antique *Lemencum.* On y remarque le tombeau du général de Boigne, d'un évêque d'Irlande, mort en 1176; Mme de Warens y a été enterrée.

Plus haut, vers les Rochers de Lemenc, on atteint bientôt, à dr. de la route (30 min. de Chambéry), par un sentier bordé d'un chemin de croix, une petite chapelle ronde avec péristyle, d'où l'on jouit d'une fort belle vue.

LES CHARMETTES

Les Charmettes, maison de campagne rendue célèbre par le séjour de J.-J.-Rousseau, de 1736 à 1740, avec Mme de Warens, a été rachetée, en 1905, par la ville de Chambéry. On s'est efforcé d'en reconstituer le mobilier; un érudit, M. Albert Metzger, de l'Académie de Savoie, y a créé un Musée de souvenirs.

On parvient aux Charmettes, situées au S. de Chambéry, en suivant, en face du Théâtre, la rue Denfert-Rochereau, puis, vers l'E., la rue de la République et la rue J.-J.-Rousseau, à dr., au S. de laquelle s'élève le chemin des Charmettes.

Il est recommandé aux piétons de revenir, vers l'O., par la *Fontaine Saint-Martin.*

Cette jolie excursion demande 1 h. aller et retour; voiture à 1 cheval 2 fr. 50, à 2 chevaux 3 fr. 50.

Challes-les-Eaux. — Un tramway, partant de la place de Gare (trajet en 35 min., 45 cent.), remonte le faubourg de Montmélian puis la rive g. de la Leysse, qu'on ne tarde pas à abandonner pour se diriger vers le S.-E. — (6 kil.) Les bains de **Challes-les-Eaux** sont situés dans un riant vallon. A g. de la route de Montmélian s'élève le *Casino*, au N. duquel se trouve, dans un joli parc, l'Etablissement (ouvert du 15 mai au 15 octobre), alimenté par une source sulfurée sodique, une

CHALLES-LES-BAINS. — ÉTABLISSEMENT THERMAL

des plus sulfureuses connues, donnant 559 milligr. de sulfure de sodium par kilogramme d'eau.

L'eau de Challes s'emploie en bains, douches, et surtout en boisson ou en inhalation. Elle est particulièrement efficace contre les maladies de la peau, des voies respiratoires, digestives, urinaires, etc.

Les vignobles, qui entourent la station balnéaire, permettent de joindre la cure de raisin à celle des eaux.

Le tramway a son point terminus à (9 kil. de Chambéry) *Chignin*, V. page 204.

La Motte-Servolex et **Le Bourget**. — Du boulevard du Théâtre part un tramway à vapeur desservant, à 5 kil. au N.-O., la *Motte-Servolex* (trajet en 25 min., 50 et 30 cent., 80 et 50 cent. aller et retour). — 5 kil. plus au N., *Le Bourget*, desservi (en 1 h. 30 de Chambéry) par des voitures publiques, est situé sur la rive de l'extrémité S. du beau lac de ce nom et près de l'embouchure de la Leysse. Son église conserve de très remarquables hauts-reliefs (XIIIe s.) autour du chœur, ainsi que les restes d'un cloître du XIVe s., et une crypte ayant pour supports des tronçons de colonnes antiques.

La Dent du Nivolet (1.553 m.), qui domine Chambéry vers le N., offre un superbe panorama. Son ascension exige environ 5 h., qu'on peut réduire à 2 h. de marche en allant en voiture jusqu'aux Déserts par la route du Châtelard.

Un autre itinéraire, moins aisé, permet d'atteindre le sommet, surmonté d'une énorme croix en fer, en 4 h., en passant par Lovettaz. Ce chemin aboutit à une cheminée pourvue d'échelles, mais qu'on peut contourner.

La Grande-Chartreuse. — Par les Echelles. — L'itinéraire le plus habituellement suivi passe par Saint-Béron, V. page 124, en utilisant le chemin de fer jusqu'à cette gare, puis le tramway à vapeur jusqu'à Saint-Laurent-du-Pont, d'où des voitures publiques montent à la Grande-Chartreuse.

Une route fort intéressante desservie, en été, par des cars-automobiles et par les voitures du Syndicat d'Initiative (les jeudi et dimanche, trajet en 6 h. 45 min., prix 5 francs, aller et retour 8 francs), passe par (6 kil.) la belle *cascade de Couz* et (19 kil.) le *tunnel des Echelles*. Près de l'entrée de cette galerie, longue de 308 mètres, on peut visiter l'ancienne route romaine des Echelles, reconstruite par Charles-Emmanuel II, à travers un défilé pittoresque, et surtout les magnifiques **Grottes des Echelles** (prix d'entrée 1 fr.), d'où l'on sort par une galerie scellée contre la paroi rocheuse dominant la plaine du Guiers; la vue, dont on jouit de cet endroit, est d'une beauté remarquable.

(23 kil.) *Les Echelles*, V. page 128. Des Echelles à (29 kil.) Saint-Laurent-du-Pont et à (38 kil.) la Grande-Chartreuse, V. pages 129 et suiv.

Par le Col du Frêne. — (Trajet en 8 h. 30, prix 12 fr. 70.) — Un service de voitures publiques conduit, par (16 kil.) le *col du Frêne* (1.164 m.), à (24 kil.) *Saint-Pierre-d'Entremont* (V. page 129), où il correspond avec les voitures des Echelles. Puis, par (32 kil.) le *col du Cucheron* (1.080 m.), il rejoint, près de Saint-Pierre-de-Chartreuse, (35 kil. 500) la route de Saint-Laurent-du-Pont conduisant à (39 kil.) la Grande-Chartreuse.

AIX-LES-BAINS

Aix-les-Bains est une ville de plus de 5.000 habitants, située dans une jolie vallée, à 257 mètres d'alti-

AIX-LES-BAINS. — ARC DE CAMPANUS

tude et à 32 mètres au-dessus du lac du Bourget, dont elle est éloignée d'environ 25 minutes.

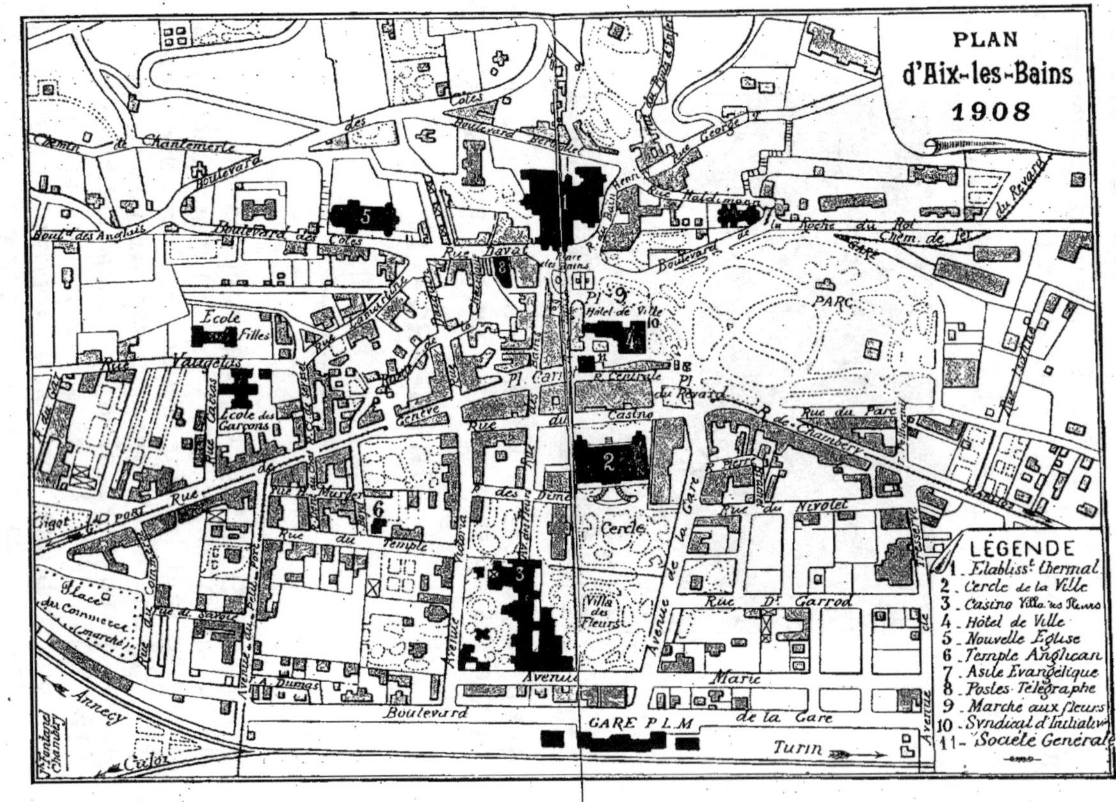

PLAN
d'Aix-les-Bains
1908
LÉGENDE
1 - Établiss¹ Thermal
2 - Cercle de la Ville
3 - Casino Villa des Fleurs
4 - Hôtel de Ville
5 - Nouvelle Église
6 - Temple Anglican
7 - Asile Évangélique
8 - Postes Télégraphe
9 - Marché aux fleurs
10 - Syndicat d'Initiative
11 - Société Générale
GARE P.L.M
Turin
Annecy
Culoz
J. Fontanel Chambéry
Place du Commerce (marché)
Boulevard
Boulevard des Anglais
Chemin de Chantemerle
PARC
Cercle
Casino
Hôtel de Ville
École Filles
École des Garçons
Villa des Fleurs
Rue Davat
Rue du Temple
Rue du Parc
Rue de Chambéry
Rue du Nivolet
Rue D' Garrod
Avenue Marie
Avenue de la Gare
Boulevard de la Gare
Pl. Carnot
Pl. du Revard
Pl. 9

Ville d'eau par excellence et la plus élégante des stations thermales, elle attire non moins par les plaisirs qu'elle offre que par l'efficacité de ses eaux. Aussi, pen-

AIX-LES-BAINS. — ÉTABLISSEMENT THERMAL

dant la période estivale, sa population atteint 25.000 âmes et se renouvelle plusieurs fois au cours de la saison.

En face de la gare, l'*avenue de la Gare*, bordée à g. par les grilles des parcs du *Casino*, *de la Villa des Fleurs*, puis du *Casino du Cercle*, aboutit à la *place du Revard* (station de voitures de places et du tramway de Marlioz), d'où se détache, à g., la *rue du Casino*. Presque aussitôt on croise la *rue de Chambéry* qui, après avoir longé le beau parc de la ville, forme la *rue Centrale* d'Aix, et, au delà de la *place Carnot*, est prolongée par la rue de Genève, que rejoint la *rue du Casino*.

Dans le prolongement de l'avenue de la Gare, la *rue du Parc* s'élève sur le côté N. du Parc, au S. duquel se trouve un lawn-tennis et l'Institut Zander (mécanothérapie); à l'E. est située, en bordure, la gare du chemin de fer montant au Revard, dont la haute falaise domine. de ce côté, les coteaux verdoyants parsemés de villas et d'hôtels.

La rue du Parc, inclinant à g., contourne, sur la place

du Marché, l'**Hôtel de Ville** (château du XVIᵉ s.) et le *Musée Lepic* (ouvert de 9 h. à 11 h. et de 1 h. à 5 h., entrée 50 cent.), installé dans les restes d'un *temple de Diane* ou de *Vénus*.

On accède ainsi à la *place des Bains*, où l'**Etablissement thermal** est édifié, en face de l'**Arc de Campanus**, haut de 9 m. 16 et large de 0 m. 71, érigé vers le IIIᵉ ou le IVᵉ s.

Les eaux d'Aix, désignées par les Romains sous l'appellation de AQUÆ DOMITIANÆ, puis de AQUÆ GRATIANÆ, commencèrent à être fréquentées au XVIIᵉ s., mais ça n'est qu'en 1776 que Victor-Amédée III construisit l'Etablissement thermal, qui fut l'objet d'importants agrandissements depuis 1857, et qu'ali-

AIX-LES-BAINS. — PORTE DE L'HOTEL DE VILLE

mentent deux sources très abondantes à 45° et 47° (plus de 4.800.000 litres par jour), la FONTAINE SAINT-PAUL, ou l'eau d'alun, et l'EAU DE SOUFRE.

L'eau utilisée comme boisson est gratuite. Sur la place de

l'Etablissement, les trois robinets d'une colonne permettent au public d'en disposer ainsi aisément. Derrière (S.-E.) l'Etablissement, à l'entrée de la rue de Mouxy, l'eau d'alun, plus proche de sa source, coule avec son maximum de chaleur à un robinet public. Près de là on peut visiter (de 6 h. à 11 h. et

AIX-LES-BAINS. — GRAND CERCLE

de 1 h. à 5 h., tickets 50 cent. à l'Etablissement) les **Grottes,** où sont captées les eaux de la fontaine Saint-Paul.

La médication externe est surtout employée à Aix, sous forme de bains, douches et massages. Des chaises à porteurs facilitent le transport des malades de leur lit à l'Etablissement, qui est surtout fréquenté pour le traitement des rhumatismes et des maladies de peau.

Au N. de l'Etablissement, la rue Darat, où sont les *Postes et Télégraphes,* est prolongée par le boulevard des Côtes, à l'entrée de laquelle se trouve l'*église Notre-Dame.*

Une mention toute spéciale doit être faite des deux **Casinos**. L'un, le **Grand Cercle**, fondé en 1824, est luxueusement installé et possède un joli théâtre ; son entrée principale est rue du Casino; on y accède aussi par l'avenue de la Gare. La **Villa des Fleurs** qui a trois entrées, avenue de la Gare, avenue Victoria et rue des Fleurs, est non moins richement aménagée au milieu d'un beau parc, et est dotée d'une vaste salle de bal avec théâtre. On joue beaucoup dans ces deux établissements, et il s'y donne fréquemment de grandes fêtes.

Un *champ de course*, un *vélodrome*, un *jeu de golf* et un *tir aux pigeons* sur la route de Marlioz, un *tir national* avenue du Grand-Port, complètent les attractions d'Aix.

ENVIRONS D'AIX-LES-BAINS

Marlioz. — De la place du Revard, un tramway

GORGES DU SIERROZ

(30 cent.), suivant la route bien ombragée de Chambéry,

dessert (1 kil. 500) **Marlioz** où jaillissent 3 sources sulfurées sodiques, dont l'eau, très riche en soufre, a 11°, (10 cent. le verre) Elle s'emploie principalement en boisson et en inhalation, complétant ainsi le traitement d'Aix.

LA PÊCHE SUR LE LAC DU BOURGET

Gorges du Sierroz et Cascade de Grésy. — Un tramway (30 cent.), descendant la route de Genève, conduit à la station du (2 k. 500) *Pont-de-Pierre*, jeté sur le Sierroz. Un sentier mène à l'embarcadère d'un petit bateau à vapeur (1 fr., aller et retour 1 fr. 50) qui remonte la très pittoresque **Gorge du Sierroz** sur une longueur de 1.200 mèt. Une galerie, construite au-dessus du torrent, aboutit au moulin et à la *cascade de Grésy*.

Lac du Bourget — Abbaye de Hautecombe. — Bourdeau. — Le principal but d'excursion d'Aix-les-Bains est le lac. Un tramway conduit, par la rue de Genève, la route de Seyssel et l'avenue du Lac, au (2 kil. 500) *Grand Port* et *Port Puer*, d'où ont lieu des promenades en bateau à vapeur, avec arrêt à *Hautecombe* (3 fr. aller et retour).

Des barques, conduites par des rameurs, permettent encore de faire de jolies excursions sur le lac : au château de *Bourdeau* (5 fr.); au *Bourget* (8 fr.), V. page 230; à *Hautecombe* (9 fr.). — On trouve également des barques au *Petit Port* ou *Port de Cornin*, auquel on accède en 30 min. en contournant, vers le N., la jolie colline de Tresserve, d'où l'on jouit d'une vue superbe.

Le lac du Bourget, long de 16 kil., large de 5 kil., profond d'une centaine de mètres, se déverse, au N., dans

LAC DU BOURGET. — HAUTECOMBE

le Rhône, par le canal de Savières. Sur sa rive O., s'élève l'**Abbaye de Hautecombe**, lieu de sépulture des princes de la maison de Savoie depuis le XIIe s. jusqu'à ce qu'on l'eût remplacé, en 1778, par la Superga, près de Turin, est restée sous le patronage des rois d'Italie. Le roi Charles-Félix et sa veuve, qui avaient restauré l'abbaye, en partie détruite pendant la Révolution, y sont inhumés. Plus de 300 statues décorent la chapelle dont l'ornementation est fort riche. — A 15 min., au N., on visite une *fontaine intermittente.*

Bourdeau, au S. de Hautecombe, possède un château

édifié, au IXᵉ s., dans un site des plus pittoresques, au pied du *col de la Dent du Chat* (638 m. d'alt.), ouvert dans la longue crête qui sépare le lac du Bourget (231 m. d'alt.) de la vallée du Rhône. On accède à ce col, qui présente une splendide vue panoramique, par une route que desservent des breaks (5 h. aller et retour depuis Aix).

La *Dent du Chat* (1.400 m. d'alt.), qui domine au S. le col, se gravit en 3 h. depuis le col, mais mieux, en 3 h. 30 environ, depuis le Bourget.

Le Revard (1.545 m.). — Un chemin de fer en crémaillère (1 h. 15 à la montée, prix aller et retour 4 fr. à 7 fr., suivant l'heure), s'élève, à l'E. du parc de la ville, par (2 kil.) *Mouxy*, à 412 m. d'alt., (4 kil.) *Pugny* (576 m. d'alt.), près du sanatorium de *Pugny-Corbières* (620 m. d'alt.). Au delà d'un viaduc, on atteint (6 k. 500) *Pré-Japert*, à 1.044 m. d'alt.; puis, après avoir franchi un tunnel et tourné brusquement vers le S., on parvient sur (9 kil. 400) le plateau du *Revard*, à proximité du sommet d'où la vue s'étend splendide, notamment sur le Mont-Blanc. En 2 h. 30 on peut gagner, au S., le point culminant du plateau, la *Dent du Nivolet*, V. page 230.

Des services de voitures facilitent encore, autour d'Aix, notamment les excursions à la LA CHAMBOTTE (18 kil.); dans LES BAUGES, pittoresque plateau situé à 1.000 m. d'altitude moyenne et dont LE CHATELARD (29 kil. d'Aix) est le centre principal ; à la GRANDE-CHARTREUSE, V. pages 122 et 230.

D'AIX-LES-BAINS A BRIDES-LES-BAINS

(TARENTAISE)

91 kil. en chemin de fer d'Aix-les-Bains à Moutiers. Trajet en 3 h. environ ; 10 fr. 45, 7 fr. 10, 4 fr. 55. — 6 kil. en tramway électrique de Moutiers à Brides (trajet en 30 min., 75 cent. et 50 cent.).

39 kil. d'Aix-les-Bains à Saint-Pierre-d'Albigny. (V. page 210.)

On laisse, à dr., la ligne de Modane, pour continuer à remonter la rive dr. de l'Isère, en passant au pied des ruines du *château de Miolans*, ancienne prison d'Etat, pittoresquement située sur un escarpement. — (49 kil.) *Grésy-sur-Isère*. — (55 kil.) *Frontenex*.

(63 kil.) **Albertville** située sur l'Arly, près de son confluent avec l'Isère, doit son nom au roi Charles-Albert qui réunit, en 1835, les deux parties qui la composent : l'*Hôpital*, où se trouve la gare, est la principale; *Conflans*, étagé sur la rive g., conserve un aspect ancien et pittoresque. — Un Syndicat d'Initiative, rue de la République, 35, fournit des renseignements aux touristes, sur

ALBERTVILLE

les nombreuses excursions et ascensions des environs d'Albertville.

D'Albertville à Annecy, par Ugines chemin de fer, 46 kil.; 2 h. à 2 h. 30; 5 fr. 10, 3 fr. 50, 2 fr. 25). — On remonte la vallée de l'Arly, en traversant un tunnel de 1.200 mèt. — (6 kil.) MARTHOD. La voie ferrée s'engage dans la vallée de la Chaise. — (9 kil.) UGINES. — 37 kil. d'Ugines à Annecy. — 65 kil. d'**Ugines,** par Flumet et Mégève, à **Chamonix.**

D'Albertville à Beaufort (voitures publiques, 30 kil.; trajet en 3 h., 2 fr.). — Après avoir franchi l'Arly, on remonte la pittoresque vallée du Doron de Beaufort, d'où l'on aperçoit le Mont-Blanc, à g., au delà du second pont. — (30 kil.) BEAUFORT, à 758 mèt. d'alt., est un charmant centre d'excursions, parmi lesquelles on doit signaler la traversée du CORMET ou COL D'ARÈCHES (2.000 mèt.), aboutissant à (7 h. de Beaufort)

Aime, dans la vallée de l'Isère (V. ci-dessous), qu'on peut également gagner par ROSELEND, le CORNET DE ROSELEND, à 1.980 m. d'alt., (5 h.) LES CHAPIEUX, et, de là, en 2 h. de voiture publique, (15 kil.) BOURG-SAINT-MAURICE (V. ci-dessous).

On peut encore, depuis Beaufort, gagner, par (1 h. 30) le charmant village de HAUTELUCE et le sentier mal tracé du col du JOLY, (10 h.) SAINT-GERVAIS (V. page 266).

Le chemin de fer de Moutiers franchit l'Arly et continue à remonter la rive dr. de l'Isère. — (69 kil.) *Tours* — (72 kil.) *La Bathie*, que dominent les ruines d'un château des archevêques de **Tarentaise**, partie de la Savoie comprenant la vallée supérieure de l'Isère et la

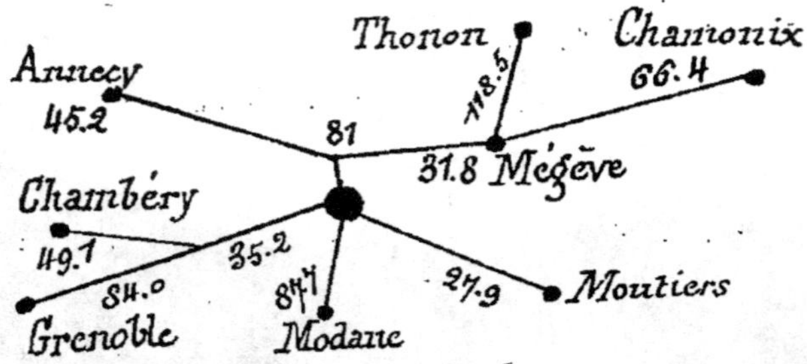

*Carte des distances kilométriques par route des environs d'****Albertville***
(H. Dolin)

vallée du Doron de Salins, son affluent. La variété et le charme des aspects de la Tarentaise sont extrêmement appréciés, comme le manifeste la prospérité de ses deux principaux centres de tourisme, Pralognan et Val-d'Isère (V. ci-dessous). On y remarque le joli costume des femmes avec leur curieuse coiffure appelée « Frontière ».

La Tarentaise commence à (76 kil.) *Cevins*. Bientôt la vallée se rétrécit; à g., se montrent les ruines du château de Briançon, pendant qu'on traverse l'Isère à deux reprises. — (83 kil.) *Notre-Dame-de-Briançon*, d'où un chemin conduit, par le *col de la Madeleine* (1.984 mèt.), à (8 h.) *La Chambre*, V. page 210. — On aperçoit, vers l'E., de hautes cimes du massif de la Vanoise. — (89 k.) *Aigueblanche*. Pendant que l'Isère reçoit le Doron de Salins, la voie ferrée traverse un tunnel de 1.464 mèt. — (91 kil.) **Moutiers** (Syndicat d'Initiative au Café Abondance), est le siège d'un évêché. Sa cathédrale conserve, entre autres objets intéressants, une châsse émaillée du XIIIe s., un bâton abbatial à poignée d'ivoire, ayant appartenu à saint Pierre II, archevêque de Tarentaise, au XIIe s.

Parmi les excursions des environs, on recommande l'ascension : du MONT-JOVET (2.563 m., très facile), V. ci-dessous : du PERRON DES ENCOMBRES (2.828 m.) ; du CHEVAL NOIR (2.834 m.).

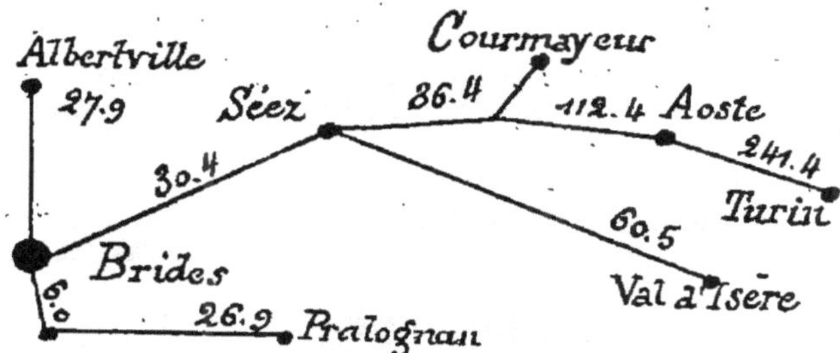

Carte des distances kilométriques par route des environs de **Moutiers**
(H. Dolin)

De Moutiers, par Bourg-Saint-Maurice, à Val-d'Isère — 59 kil., voitures publiques jusqu'à Bourg-St-Maurice, 3 h. 30, 4 fr. ; à Val-d'Isère, 10 h. 30, 11 fr. — La route longe la rive dr. de l'Isère. Au delà du DÉTROIT DU SIEIX, qu'on traverse

SUR LA ROUTE D'ARÊCHES

par de petits tunnels, on laisse, à dr., le hameau de CENTRON, qui conserve le nom d'une fameuse tribu gauloise. Les glaciers du Mont-Pourri apparaissent avant qu'on atteigne (14 k.) AIME, dont l'église (XIe s.) a été édifiée avec des débris antiques.

De (20 kil.) BELLENTRE, un chemin, desservi par des voitures publiques, monte, en 3 h., à **Peisey,** point de départ habituel pour l'ascension du **Mont-Pourri** (3.788 mèt.), soit par le REFUGE DU MONT-POURRI (2.650 m.), soit plus aisément par les CHALETS DE LA PLAGNE.

On jouit d'une belle vue, à dr., vers l'E., sur les glaciers du Mont-Pourri, tandis que, vers le N., le Petit-Saint-Bernard apparaît, dominé par la Lançebranlette (2.933 m.).

(27 kil.) **Bourg-Saint-Maurice,** à 815 m. d'alt., dans un élargissement de la vallée de l'Isère, qui change brusquement de direction.

De Bourg-Saint-Maurice, une route de voitures s'élève, au N., par la vallée du torrent des Glaciers. — (6 kil.) **Bonneval** (1.084 m. d'alt.), où un ETABLISSEMENT THERMAL est alimenté

HOSPICE DU PETIT-SAINT-BERNARD (2153ᵐ D'ALT.)

par une abondante source sulfurée calcique (35°), efficace contre les rhumatismes, l'anémie, la gravelle, les maladies de peau, etc. — (16 kil.) **Les Chapieux** (3 h. 1/2 de Bourg-Saint-Maurice, en voitures publiques, 2 fr. 50), à 1.509 m. d'alt.

Des Chapieux on gagne, par (1 h. 45) LES MOTTETS, à 1.865 m. d'alt. (3 h. 30), le col frontière **de la Seigne** (2.512 m.), d'où l'on descend, par l'ALLÉE BLANCHE, en 3 h., à **Courmayeur,** en longeant le pied du versant S.-E. de la chaîne du Mont-Blanc, qui ne cesse de se présenter sous de merveilleux aspects.

Des Chapieux, laissant à dr. le torrent des glaciers qui descend du col de la Seigne, on atteint, au N. (2 h. 15), le **col de la Croix du Bonhomme** (2.483 m.), pour descendre par (2 h. 50) le COL DU BONHOMME, ouvert à 2.340 m., (4 h. 30) NANT-BORRANT, et (5 h. 45) LES CONTAMINES (1.197 m.), à (7 h. 45) **Saint-Gervais-les-Bains** (V. page 266), en contournant l'extrémité S. du massif du Mont-Blanc, sur lequel on a de splendides points de vue.

De Bourg-Saint-Maurice, la principale route s'élève au N.-E.
vers (32 kil., 4 h. en passant par la traverse du village de
Saint-Germain) l'**Hospice du Petit-Saint-Bernard**, construit à
2.153 m. d'alt., sur le territoire italien. (Un service de voitures
publiques conduit, de Moûtiers, à l'Hospice, prix 14 fr. ; aller

VAL-D'ISÈRE (1849ᵐ D'ALT.)

et retour 20 fr. Il correspond avec un service desservant, sur
le versant italien, Courmayeur et Aoste.)

De l'Hospice, fondé au Xᵉ s. par saint Bernard de Menthon,
la route franchissant (15 min.) le **col du Petit-Saint-Bernard**
(2.188 mèt), où est érigée la COLONNE romaine de JOUX, en
marbre, haute de 7 mèt., on descend par (44 kil.) LA THUILE,
à (53 kil.) **Pré-Saint-Didier**, d'où l'on gagne, soit à 5 kil. à
l'O. **Courmayeur**, au pied du Mont-Blanc, soit vers l'E. (34 kil.)
Aoste, au pied du Grand-Saint-Bernard.

De Bourg-Saint-Maurice à Val-d'Isère et Tignes. — La route
passe près de la TOUR carrée du CHATELARD, qu'on dit avoir
été construite au IVᵉ s. — (3 kil.) SÉEZ. On laisse, à g., la
route du Petit-Saint-Bernard. — (11 kil.) **Sainte-Foy**, d'où un
chemin muletier conduit en 7 h., par COL DU MONT (2.632 m.),
à VALGRISANCHE. C'est également le point de départ de l'ascension de la TÊTE DU RUITOR (3.486 m.), par les CHALETS DE
LA SASSIÈRE (2.039 m.).

(15 kil.) LA THUILLE (1.272 m.). La vallée de l'Isère, aux
versants en partie tapissés d'arbres verts, se rétrécit de plus
en plus. — (23 kil.) LES BRÉVIÈRES (1.572 m.). — Au delà
d'une gorge grandiose, on atteint (26 kil.) **Tignes**, à 1.659 m.
d'alt., sur la rive g. d'un vallon que traverse l'Isère.

L'excursion classique des environs de Tignes est, vers l'O., celle du LAC DE TIGNES (2 h. aller et retour), sur le chemin du COL DU PALET (2.658 mèt.), conduisant, par la vallée de CHAMPAGNY et par (8 kil.) Bozel, à Pralognan ou à Brides (V. ci-dessous).

Sur le versant E. de la vallée, le COL DE LA GOLETTA (3.063 mèt.), ouvert entre la **Grande-Sassière** (3.756 mèt.) et la GRANTA-PAREI (3.473 m.) mène, en 7 h. 30, à RHÊME-NOTRE-DAME.

La route franchit l'Isère qu'elle côtoie dans un étroit défilé, au delà duquel se trouve, au milieu d'une petite plaine (32 kil.) **Val-d'Isère,** à 1.849 mèt. d'alt.

Centre très apprécié de villégiature et d'excursions aussi nombreuses que variées, Val-d'Isère est le point de départ de la traversée du **col d'Iseran** (2.768 mèt.), qu'on franchit par un sentier muletier pour gagner, en 5 h., à BONNEVAL, la route de la vallée de l'Arc qui descend, par Bessans, Lanslebourg et Termignon, à Modane (V. page 207).

On accède aussi dans la vallée de l'Arc par le COL DE LA LEISSE (2.780 m.) ou celui de LA ROCHEURE (2.940 m.), en ga-

MONT ISERAN

gnant, en 7 h., ENTRE-DEUX-EAUX, au pied du col de la Vanoise (V. ci-dessous), et Termignon.

Parmi les excursions des environs de Val-d'Isère, on doit recommander celle des sources de l'Isère, au glacier de la Galise, par le REFUGE DU PRARIOND (2.275 mèt.), sur le chemin du COL DE LA GALISE (2.998 m.) conduisant, en 9 h., à Ceresole-Reale, dans la vallée de l'Orco.

Au nombre des ascensions, celles des ROCHERS DE GÉNEPY (3.157 m.) et de la POINTE DE LA SANA (3.450 m.) méritent une mention spéciale par la splendeur de leur panorama et leur peu

BRIDES-LES-BAINS

de difficulté. On doit signaler encore, particulièrement, l'ascension de la TSANTALEINA (3.606 mèt.) et de la Cime d'Oin (3.277 m.).

De Moutiers à Brides-les-Bains. — La route, que longe le tramway électrique, franchit l'Isère, pour traverser, vers le S., la petite plaine au milieu de laquelle se trouve, à dr., (2 kil.) **Salins,** à 492 mèt. d'alt., avec son *Etablissement thermal* alimenté par deux sources d'eaux chlorurées sodiques, d'une température de 35°. Ces eaux, qualifiées « eaux de mer thermales », contiennent 16 grammes de sel par litre ; elles sont utilisées principalement en bains, contre les maladies utérines et les affections lymphatiques.

Après avoir laissé, à dr., la verdoyante vallée de Belleville, et franchit le Doron, dont on remonte la rive g. par une côte rapide, à l'E., apparaissent, au fond de la vallée, quelques glaciers de la Vanoise et le Grand-Bec de Pralognan. — (4 kil.) *Villard-Lurin*. — (6 kil.) **Brides-les-Bains** à 570 mèt. d'alt., dans un site charmant; possède un bel *Etablissement thermal* avec *Casino*, ouvert du 15 mai au 15 septembre, où s'exploite une source sulfatée calcique et chlorurée, d'une température de 36°, qu'on emploie en bains et en boisson, surtout contre les affections du foie et l'obésité.

Des diverses excursions qu'on peut effectuer aux environs de Pralognan, la plus recommandée est, au N., l'ascension du **Mont-Jovet** (2.563 mèt.), dont on atteint, en 6 h. 15, par le hameau de la Cour, le CHALET-HOTEL, construit à 2.543 mèt. d'alt. par le Club Alpin, 20 minutes au-dessous du sommet. Belvédère isolé entre la vallée de l'Isère et celle du Doron, le Mont-Jovet a mérité d'être qualifié de « Righi de la Tarentaise » par la splendeur du panorama qu'il présente sur les massifs du Mont-Blanc, du Mont-Rose, de la Vanoise, du Haut-Dauphiné, etc.

PRALOGNAN (1424ᵐ D'ALT.)

Au S. de Brides, la jolie vallée des (1 h. 30) ALLUES (1.128 m.), à l'issue de laquelle se trouve le joli BOIS DE CYTHÈRE, présente de nombreux buts d'excursions.

De Brides à Pralognan, 21 kil. Services de voitures publiques (trajet en 5 h., 5 fr.) et de voitures automobiles (trajet en 2 h., 5 fr.) depuis Moutiers.

La route continue à remonter la rive g. de la vallée du Doron. Laissant, à dr., le gracieux village de Saint-Bon, elle franchit le Doron et traverse (7 kil.) **Bozel.** — A g. se détache le chemin de la vallée de Champagny, permettant de gagner, par le Col du Palet, Tignes (V. ci-dessus). — (10 kil.) Le Villard, situé, à 895 mèt., au débouché de la Gorge de Ballandaz, au-dessus de laquelle on s'élève en lacets au milieu d'arbres verts, pendant qu'on jouit d'une remarquable vue sur la vallée de Bozel et sur les glaciers de la Vanoise.

(14 kil.) Planay. — (21 kil.) **Pralognan**, à 1.424 mèt., dans une petite plaine entourée de bosquets d'arbres verts, de gla-

COL DE LA VANOISE (2527ᵐ D'ALT.)
REFUGE FÉLIX FAURE

ciers, de cascades, au confluent du Doron et de la Glière, est un centre de villégiature et d'excursions de premier ordre, où se trouvent de bons guides.

La traversée du **col de la Vanoise** (2.527 mèt.), parsemé de petits lacs et sur le chemin muletier duquel le Club Alpin a construit (3 h.) le **refuge Félix-Faure** (téléphone), présente une superbe vue sur la **Grande-Casse** (3.861 mèt.). La descente s'effectue, par la Croix-Vie, à (4 h. 30) Entre-deux-Eaux (2.160 mèt.), où l'on rejoint le chemin de Val-de-Tignes, par le Col de la Leisse, à (8 h.) Termignon, V. page 207.

De Pralognan on gagne directement, en 10 h., Modane (V. page 207), par le sentier du (5 h.) Col de Chavière (2.806 m.),

MASSIF DE LA VANOISE. — GRANDE-CASSE (3861m D'ALT.)

GORGES DU FIER

HOTELS D'ANNECY

Grand Hôtel d'Angleterre et Grand Hôtel (Vallin).

Grand Hôtel du Mont-Blanc (Michaud).

Grand Hôtel Verdun et de Genève (Bruchon).

Hôtel du Chemin de Fer (Dalmaz et Chossat).

Hôtel du Commerce (Jossermoz).

Hôtel des Négociants (Labrune).

Hôtel meublé des Alpes (Bollard).

Hôtel du Nord (Favre).

Hôtel Beau-Rivage (Baumgartner).

Hôtel de l'Europe (Brachon).

Hôtel de l'Etoile (Vulliet).

Hôtel pension du Lac (Goddet).

Hôtel du Pré-Carré (Lavorel J.).

Hôtel de La Boule-d'Or (Lavorel L.).

Hôtel Bellevue (Dangon).

HOTELS DE TALLOIRES

Hôtel de l'Abbaye (Daviet).

Hôtel Restaurant Bise (Bise).

ouvert entre l'Aiguille de Polset (3.538 m.), et la Pointe de l'Echelle (3.432 m.).

Parmi les ascensions, extrêmement nombreuses, qu'on peut effectuer autour de Pralognan, on doit signaler, en premier lieu, celle du **Dôme de Chasseforêt** (3.597 mèt.), au centre du grand **massif de la Vanoise,** tapissé de vastes glaciers. De ce sommet, aisément accessible, en 9 h., par le refuge Félix-Faure, et, en 7 h., par le refuge des Lacs, on jouit d'une vue extrêmement étendue, plus belle encore du point culminant du massif, la **Dent Parrachée** (3.712 m.), qui se dresse vers le S., mais est difficile d'accès.

On doit mentionner aussi, comme ascension : la Grande-Motte (3.663 m.) ; la Pointe de la Glière (3.386 m.) ; la Pointe du Vallonet (3.343 m.) ; la Pointe de la Rechasse (3.223 m.) ; la Pointe du Dard (3.266 m.) ; le Morion (2.450 m.) ; le Grand-Marchet (2.561 m.) ; et tout spécialement le **Petit-Mont-Blanc** (2.685 m.), très facilement accessible en 3 h. 30 par les Planes et le col du Lac-Blanc (2.376 m.).

D'AIX-LES-BAINS A ANNECY

40 kil. Trajet en 1 h. à 1 h. 15, 4 fr. 50, 3 fr., 1 fr. 95.

En quittant Aix-les-Bains, on laisse, à g., la ligne de Paris, pour remonter, vers le N., la vallée du Sierroz. — (5 kil.) *Grésy-sur-Aix.* — (13 kil.) *Albens.* On aperçoit bientôt, à dr., dans le lointain, le Semnoz et la Tournette. — (17 kil.) *Bloye.*

(21 kil.) **Rumilly** d'où l'on peut, en suivant le pittoresque **Val-du-Fier** gagner, en 2 h. 15 (voitures publiques 2 fr. 50) *Seyssel,* sur la ligne de Paris à Genève.

On franchit le Chéran, affluent du Fier, qu'on ne tarde pas à remonter. — (28 kil.) *Marcellaz-Hauteville.* Le chemin de fer s'engage dans le pittoresque *défilé du Fier,* où il franchit successivement dix viaducs et deux tunnels.

(34 kil.) **Lovagny-Gorges du Fier** d'où l'on visite, à 10 min., en aval, les très remarquables **Gorges du Fier** creusées dans la roche par le torrent, sur une profondeur de 90 mètres et une largeur de 4 à 10 mèt. La visite (1 fr.) est facilitée par une solide galerie scellée à 27 mèt. au-dessus du lit du Fier, qui l'atteint cependant rapidement dans les grandes crues.

La vallée, très élargie, présente une belle vue, à dr., sur le Parmelan, le Semnoz et la Tournette. Au sortir d'un tunnel de 1.155 m., on franchit une dernière fois le Fier.

(40 kil.) **Annecy** (B., douane, voiture correspondant avec le bateau, 50 cent.). Syndicat d'Initiative, rue du Pâquier, 1.

Ancienne capitale du comté de Genevois, Annecy occupe une situation délicieuse entre une plaine fertile, une forêt qui couvre les premiers contreforts du Semnoz et la nappe azurée d'un des plus beaux lacs des Alpes.

Les anciens quartiers bordés de lourdes et sombres arcades, sillonnés de canaux, dominés par les tours féodales d'un château-fort, impriment à l'ancienne résidence des comtes de Genève et de Genevois-Nemours, une physionomie originale.

Les nouveaux quartiers sont entourés de magnifiques promenades qui rayonnent dans toutes les directions.

Les excellentes eaux des deux sources qui alimentent Annecy ont été captées à leur sortie immédiate des rochers de la montagne du Semnoz. L'une, dite « des Balmettes », sort sur son versant occidental, et l'autre, appelée « Eau du Var », sourdre à 600 mèt. d'altitude, sur le côté oriental. Elles ont mérité d'être qualifiées à juste titre « Eaux de roche ».

Par la RUE DE LA GARE on gagne, à g., la RUE ROYALE, où se trouve, à g., la CHAPELLE DE LA VISITATION, qui conserve les corps de saint François de Sales et de sainte Jeanne de Chantal. Laissant, à dr., la rue Notre-Dame, qui conduit à l'ÉGLISE NOTRE-DAME-DE-LIESSE, la rue Royale est prolongée par la RUE DU PAQUIER, aboutissant à la belle **promenade du Pâquier**, ornée de grands arbres, et où se trouvent, à dr., le Théâtre, et, plus loin, à g., la Préfecture, en face du lac.

Passant devant la STATUE DE SOMMEILLER, par Becquet, on franchit, au S., le CANAL DU VASSÉ, pour accéder au charmant **Jardin public**, orné de la STATUE DE BERTHOLLET, par Morochetti, en face de l'Ile des Cygnes, et superbement ombragé jusqu'au bord du lac, d'où l'on a une vue charmante sur la Tournette.

Au S.-O. du Jardin public, le MONUMENT DE CARNOT, par Guimberteau, est situé à côté de l'**Hôtel de Ville**, qui renferme un intéressant **Musée**, public les mardi, mercredi, jeudi et dimanche de 9 h. à midi, et de 1 h. 30 à 4 h.

Vis-à-vis l'Hôtel de Ville, s'élève l'ÉGLISE SAINT-MAURICE, et un peu au S., sur la rive dr. du CANAL DE THIOU, la SAINTE-SOURCE, église du premier couvent de la Visitation (1.643), où Mme de Warens abjura le protestantisme, en 1726.

En longeant le canal, on voit le PALAIS DE L'ISLE (XIIIe s.), ancienne maison forte des comtes de Genevois, puis la CATHÉ-

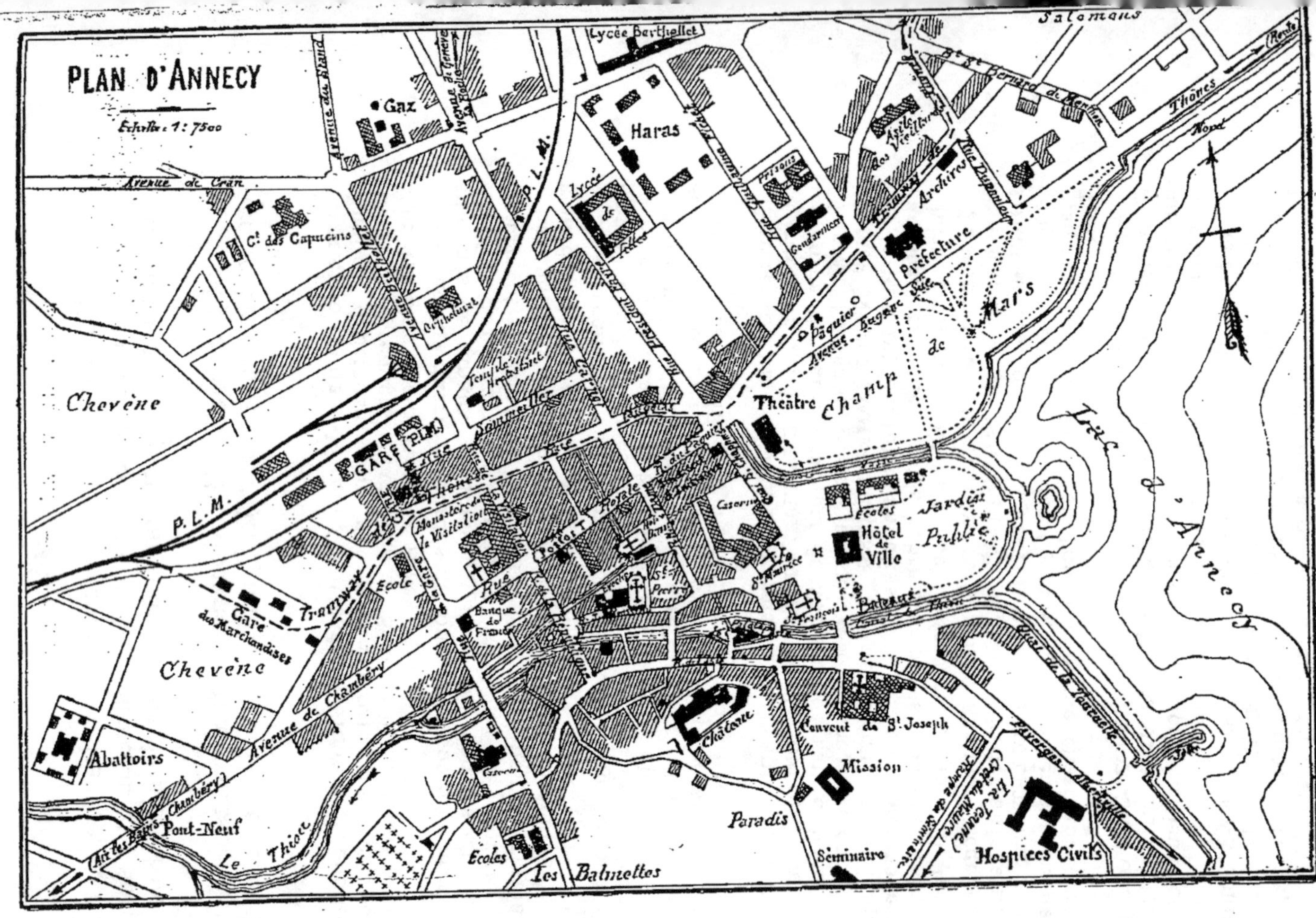

PLAN D'ANNECY
Echelle: 1:7500
Gaz
Haras
Lycée Berthollet
Salomans
Thônes
Nord
Avenue du Grand
Avenue de Genève
Avenue de Cran
Avenue Berthollet
Chevène
C.t des Capucins
Orphelinat
P.L.M.
Lycée de filles
Prisons
Gendarmerie
Asile des Vieillards
Archives
Préfecture
Rue Dupanloup
B.d Bernud de Menthon
Paquier
Avenue Eugène Sue
Théâtre
Champ de Mars
Temple
Monastère de la Visitation
GARE (P.L.M.)
Rue Thomas
Rue Sommartier
Rue Carnot
Rue Royale
Rue du Pâquier
Casernes
Ecoles
Jardin Public
Hôtel de Ville
St. Maurice
Banque de France
Ecole
Tramway
Gare des Marchandises
Chevène
P.L.M.
Avenue de Chambéry
Abattoirs
Pont-Neuf
Le Thiou
Château
Couvent de St. Joseph
Mission
Paradis
Séminaire
Ecoles
Les Balmettes
Hospices Civils
Quai de la Tournelle
Lac d'Annecy
47

ANNECY. — LES CANAUX

ANNECY. — RUE SAINTE-CLAIRE

ANNECY. — LE CHATEAU

L'ILE DES CYGNES ET LA TOURNETTE

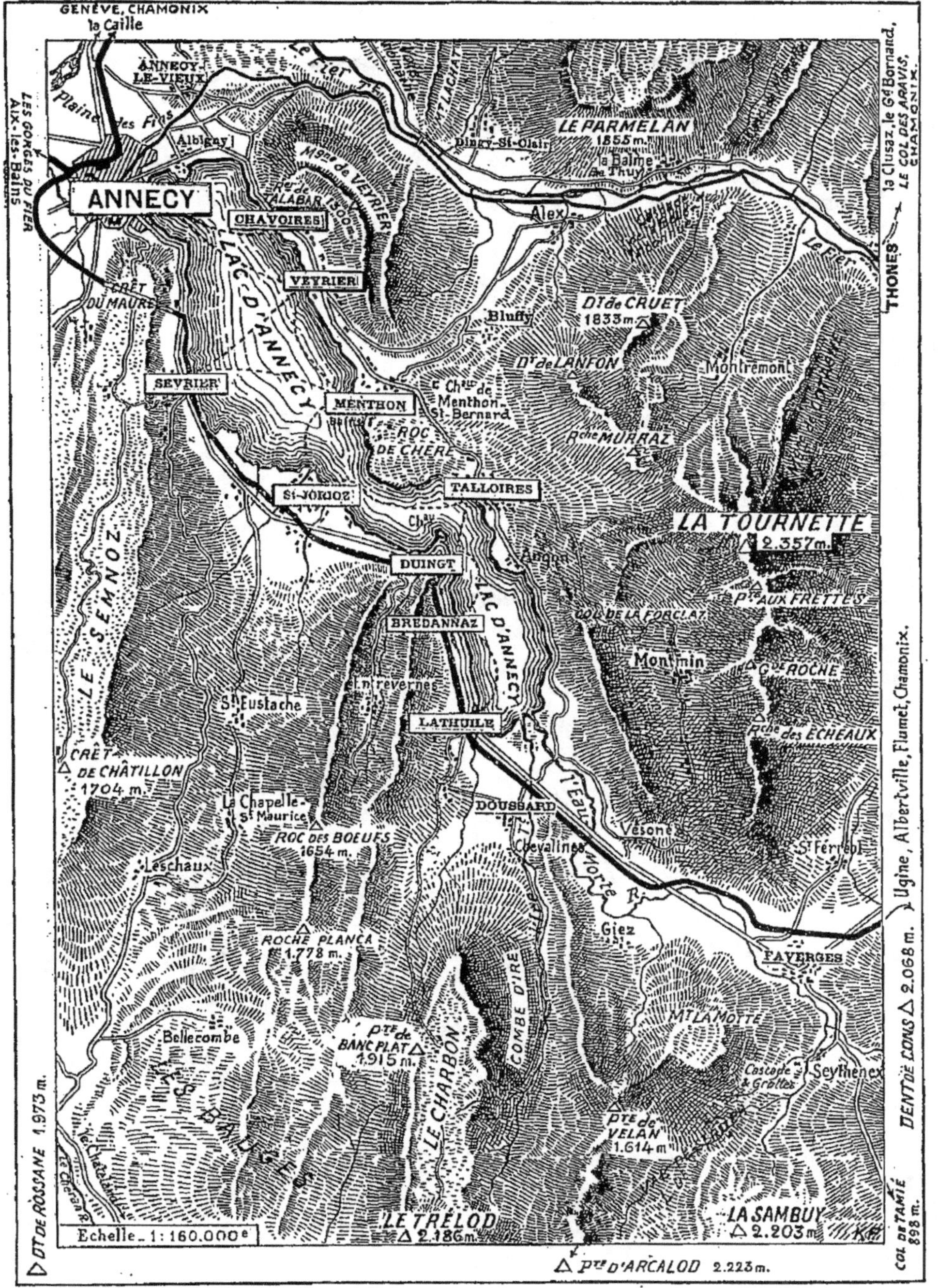

GENÈVE, CHAMONIX
la Caille
ANNECY-LE-VIEUX
Plaine des Fins
LES GORGES DU FIER
AIX-les-Bains
ANNECY
Albigny
CHAVOIRES
Mgne de VEYRIER
Rer ALABAR 1500
CRÊT DU MAURE
VEYRIER
LLAC D'ANNECY
SEVRIER
LE SEMNOZ
MENTHON
ROC DE CHÈRE
Chau de Menthon-St-Bernard
St-JORIOZ
TALLOIRES
Chau
DUINGT
Angon
BREDANNAZ
Entreverniez
St Eustache
LATHUILE
LLAC D'ANNECY
CRÊT DE CHÂTILLON
1704 m.
La Chapelle-St-Maurice
ROC DES BOEUFS
1654 m.
Leschaux
ROCHE PLANCA
1778 m.
Bellecombe
LE CHARBON
COMBE D'IRE
Pte de BANC PLAT
1.915 m.
Pte de VELAN
1.614 m.
Dt DE ROSSANE 1.973 m.
Echelle 1:160.000e
LE TRÉLOD
2.186 m.
Pte D'ARCALOD 2.223 m.
LE PARMELAN
1855 m.
Dingy-St-Clair
la Balme de Thuy
Alex
Dt de CRUET
1833 m.
Bluffy
Dt de LANFON
Montremont
Rche MURRAZ
LA TOURNETTE
2.357 m.
Pte AUX FRETTES
COL DE LA FORCLAZ
Montmin
la Gde ROCHE
Rche des ÉCHEAUX
l'Eau Morte R.
DOUSSARD
Vésone
Chevalines
St Ferréol
Giez
FAVERGES
Mt LAMOTTE
Cascade & Grottes
Seythenex
LA SAMBUY
2.203 m.
THONES
la Clusaz, le Gd Bernard, LE COL DES ARAVIS, CHAMONIX
le Fier
Ugine, Albertville, Flumet, Chamonix.
DENT DE CONS 2.068 m.
COL DE TAMIÉ 898 m.

DRALE SAINT-PIERRE-ÈS-LIENS (XVIe s.), où J.-J. Rousseau fut enfant de chœur.

On prend, à g., la RUE DE LA RÉPUBLIQUE, pour gagner la RUE SAINTE-CLAIRE, dont le n° 18, la MAISON FAVRE, fut le siège de l'Académie Florimontane, fondée, en 1606, par saint François de Sales et Ant. Favre, par conséquent avant l'Académie Française. — Au S.-E., la RAMPE DU CHATEAU conduit à l'ancien CHATEAU-FORT (XIVe s.), aujourd'hui transformé en caserne. On en redescend, vers l'E., par le pittoresque FAUBOURG PERRIÈRE.

ENVIRONS D'ANNECY

Le lac est la principale attraction des environs d'Annecy. Les bateaux à vapeur, qui en desservent les rives, permettent

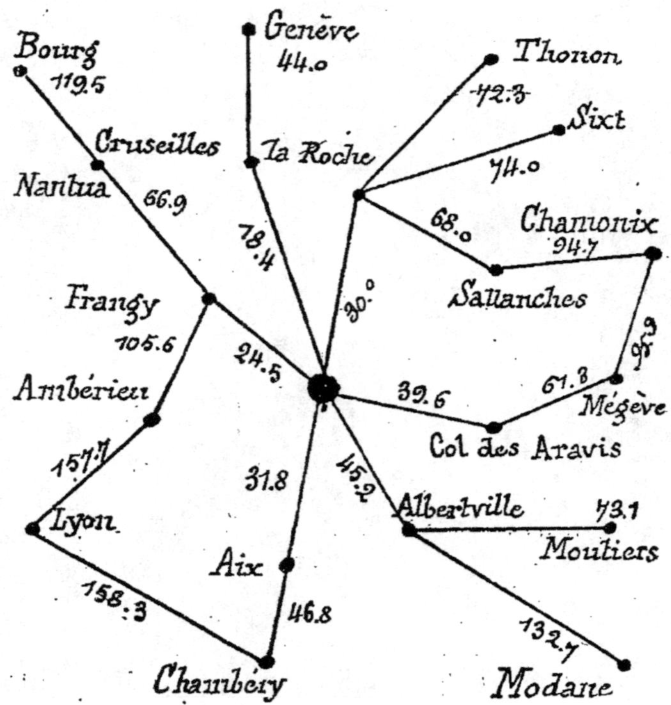

*Carte des distances kilométriques par route des environs d'**Annecy** (H. Dolin).*

d'en faire le tour en 2 h. 15 à 3 h. (3 fr. 50 et 2 fr. 50), ou d'aller jusqu'AU BOUT-DU-LAC en 1 h. à 1 h. 30 (1 fr. 75 et 1 fr. 25).

Le **lac d'Annecy** s'étend, à 446 m. d'alt., sur 14 kil. de longueur et 1 à 3 kil. 1/2 de largeur ; sa plus grande profondeur atteint près de 81 mètres. Entouré de prairies et de gracieux villages, il présente des aspects captivants avec son horizon de montagnes, parmi lesquelles se remarquent les Dents de Lanfon, les escarpements de la Tournette, et la croupe du Semnoz.

Partant de la rive g. du canal de Thiou, le bateau se dirige

LE SEMNOZ EN HIVER (1600 m D'ALT.)

vers la rive E. du lac. Il s'arrête à CHAVOIRE, à (4 kil.) VEYRIER, puis, parfois, il traverse de nouveau le lac pour desservir (11 kil.) SÉVRIER, avant d'atteindre (13 kil.) **Menthon**, dans un site charmant et bien abrité, à une petite distance du lac, sur le bord duquel se trouvent des bains d'eau sulfureuse froide. Dans le vieux château naquit, en 923, saint Bernard de Menthon, fondateur des hospices du Grand et du Petit-Saint-Bernard.

Laissant au S. le ROC DE CHÈRE, où est le tombeau de Taine et de sa femme, et qui divise le lac en deux parties, on traverse le lac pour aborder à (16 kil.) SAINT-JORIOZ. Le bateau regagne la rive E. à (17 kil.) **Talloires**, situé au plus joli endroit du lac, en un point admirablement abrité, notamment

LAC D'ANNECY

par les escarpements de **La Tournette** (2.357 mèt.), merveilleux belvédère, dont on fait l'ascension en 6 h. environ.

(21 kil.) **Duingt**, sur une presqu'île de la rive O., présente un aspect pittoresque. Quelques bateaux s'arrêtent encore à BREDANNAZ, un peu au S., avant d'atteindre (30 kil.) le BOUT-DU-LAC, à 5 minutes de LA THUILLE, V. page 268.

Parmi les excursions des environs d'Annecy, on doit recommander encore, pour leur superbe panorama, le PARMELAN (1.855 mèt.), auquel on monte surtout par DINGY, sur la route de Thônes (V. page 270), et surtout le **Semnoz** (1.704 m.), dont l'ascension se fait par la rive O. du lac jusqu'à Sévrier, en bateau ou en chemin de fer, puis à pied ou en voiture jusqu'au (17 kil. d'Annecy) COL DE LESCHAUX (929 m. d'alt.), d'où un sentier muletier, nettement tracé, conduit, à travers des sapinières, sur le sommet près duquel est construit un hôtel confortable.

Du Semnoz on descend, en 4 h. 30, par le Crêt du Maure, directement vers le N., à Annecy.

De Leschaux, 12 kil. de route, desservie par une voiture publique, conduisent au CHATELARD, V. page 210.

D'ANNECY A CHAMONIX

L'itinéraire le plus habituellement suivi est celui du chemin de fer, par La Roche-sur-Foron, 105 kil. Trajet en 3 h. 25 à 5 h. 30 ; 13 fr. 85, 8 fr. 35, 6 fr. 80. — V. ci-dessous les itinéraires par Ugines et par Thônes.

La voie ferrée, après avoir franchi le Fier, remonte la vallée de la Fillière. A dr., apparaît le lac d'Annecy, dominé par la Tournette (2.357 mèt.) ; du même côté on se rapproche du Parmelan (1.855 mèt.). On s'élève par (5 kil.) *Pringy*, à 483 mèt. d'alt., (10 kil.) *Saint-Martin-Charvonnex*, à 568 mèt. ; (16 kil.) *Groisy-le-Plot-la-Caille*, à 655 mèt., et (23 kil.) *Evires*, à 767 mèt., en franchissant plusieurs tunnels et viaducs.

Après avoir traversé un tunnel de 1.577 mèt. et franchi le Foron, on descend vers la vallée de l'Arve en jouissant de superbes points de vue jusqu'au lac Léman.

(32 kil.) *Saint-Laurent*. La voie décrit une grande courbe avant de franchir de nouveau le Foron et de rejoindre la ligne de Genève par Annemasse, à (38 kil.) **La Roche-sur-Foron**, à 850 mèt., où l'on remarque une tour ruinée, seul vestige de son château du XIIᵉ s.

La voie continue à descendre. — (45 kil.) *Saint-Pierre-de-Rumilly*. On traverse la Borne, puis l'Arve.

(49 kil.) **Bonneville** (450 m. d'alt.), d'où l'on monte, en 4 h., au *Môle*, qui présente une magnifique vue panoramique. — (57 kil.) *Marignier*, sur le Giffre, est relié par un tramway à vapeur, près de Saint-Jeoire, (7 kil.) au Pont du Risse, avec le tramway d'Annemasse à Samoens, par lequel on accède à Sixt. — (58 kil.) *Le Nanty*.

(63 kil.) **Cluses** centre d'horlogerie, possède une école nationale de cette industrie. Le chemin de fer s'engage dans la gorge, profondément encaissée, que forme alors l'Arve. — (67 kil.) *Balme-d'Arâches.* —

LE CHATEAU DE DUINGT

(70 kil.) *Magland.* La vallée s'élargit entre la Pointe-Percée (2.752 mèt.), à dr., et l'Aiguille de Varan (2.488 m.), à g. — (74 kil.) *Oëx.* Pendant qu'on passe sur la rive g. de l'Arve, on remarque, sur la rive opposée. la belle *cascade d'Arpenaz*, haute de 270 mèt. Vers le S. apparaît la superbe masse glaciaire de la chaîne du Mont-Blanc, dominant le fond de la vallée.

(79 kil.) *Sallanches.* à 540 mèt. d'alt. — (82 kil.) *Passy-Domancy.* — (85 kil.) **Le Fayet-Saint-Gervais** (à 567 mèt., B.) est le point terminus du chemin de fer ordinaire. La section de Chamonix étant à traction électrique et partiellement à crémaillère.

A 10 min. de la station, et à dr. de la route du village, l'important ÉTABLISSEMENT DES **Bains de Saint-Gervais,** est édifié à 633 mèt. d'alt., dans le parc qui encadre la gorge boisée du Bon-Nan. Trois sources y sont utilisées en boisson et en bains, contre les affections nerveuses et les maladies de la peau ou de l'appareil digestif. Les sources de Mey et de Gontard sont chlorurées, sulfatées, sodiques, calciques et lithinées, leur température est de 39° et 42°; la source du Torrent, chlorurée, sodique, sulfureuse, a 39°. — On visite, au delà des sources, la belle cascade des Bains.

Le village de **Saint-Gervais,** à 45 minutes de la station (voi-

PONT DE LA CAILLE

ture publique 1 fr. 25, aller et retour 2 fr.), est admirablement situé à 817 mèt. d'alt. Centre de villégiature et de tourisme, il possède d'excellents guides.

D'ANNECY AU FAYET-SAINT-GERVAIS

PAR UGINES ET FLUMET. — 69 kil., trajet en 8 h. environ. Bateau à vapeur ou chemin de fer d'Annecy à La Thuille, et chemin de fer jusqu'à Ugines, d'où des cars-alpins conduisent, en 5 h. 20 (prix 11 fr.), au Fayet-Saint-Gervais. (Billet circulaire de la Cie P.-L.-M.)

D'Annecy, en bateau à vapeur, au Bout-du-Lac et à la station de La Thuille, V. page 264.

LA CLUSAZ

En chemin de fer, on laisse, à g., Annecy et son château, pour gagner, par un tunnel de 1.800 mèt., la rive O. du lac qu'on longe, en face de la Tournette dominant Menthon, sur la rive opposée. La voie côtoie le pied E. du Semnoz en passant à (7 kil.) SÉVRIER ; (10 kil.) SAINT-JORIOZ, vis-à-vis Talloires ; (13 kil.) DUINGT.

Au delà d'un petit tunnel, on domine la partie S. du lac, avant d'atteindre (17 kil.) LA THUILLE, à 5 min. du Bout-du-

Lac. — (20 kil.) DOUSSARD. — (20 kil.) GIEZ. — (26 kil.)
Faverges, d'où l'on peut voir le Mont-Blanc.

On quitte la large vallée de l'Eau-Morte pour descendre,
vers l'E., la rive g. de la vallée de la Chaise. — (37 kil.)
UGINES, station située à 412 m. d'alt., aux FONTAINES D'UGI-
NES, à 2 kil. S. de cette ville.

A Ugines, on quitte le chemin de fer, qui continue vers
(46 kil.) Albertville (V. page 242).

La route de voiture s'engage dans la pittoresque gorge de
l'Arly, qu'elle remonte en franchissant plusieurs tunnels et
ponts.

(46 kil.) FLUMET (917 m., douane), où l'on rejoint la route
d'Annecy, par Thônes et le col des Aravis. La vallée s'élargit
et laisse voir à dr. le Mont-Blanc et, en face, le Buet. —
(50 kil.) MÉGÈVE (à 1.125 mèt), au pied O. du MONT-JOLY
(2.527 mèt.), splendide belvédère, aisément accessible, en 4 h.

Quittant la vallée de l'Arly, on laisse, à g. (53 kil.), la route
de (16 kil.) Sallanches, desservie par une voiture publique (V.
ci-dessus), et, obliquant à l'E., on domine la vallée de l'Arve
en jouissant d'une vue panoramique merveilleuse. — Au delà
du (63 kil.) FRÉNEY, on franchit, sur le Pont du Diable, la
gorge du Bon-Nant, en amont des bains de Saint-Gervais, et
on descend cette vallée par (65 kil.) SAINT-GERVAIS (817 m.

LE GRAND BORNAND

d'alt.). — (69 kil.) LE FAYET, à 567 m. d'alt., V. page 266.
PAR THÔNES ET LE COL DES ARAVIS, 76 kil., trajet en 11 h.
environ, prix 13 fr. (Billets circulaires de la Cⁱᵉ P.-L.-M.) —

D'Annecy à Thônes, tramway à vapeur, 1 h. 25, prix 2 fr. et 1 fr. 45 (aller et retour 3 fr. 60 et 2 fr. 60). Puis cars-alpins jusqu'au Fayet.

Partant de l'angle des rues de la Gare et Vaugelas, le tramway suit cette dernière, s'arrête au Pâquier, et derrière la Préfecture. — (6 kil.) ANNECY-LE-VIEUX, possède une fonderie de cloches renommée. — (7 kil.) SUR-LES-BOIS, d'où l'on jouit d'une belle vue, à g., sur le Parmelan, à dr., sur la Tournette et les Dents de Lanfon. On se rapproche de la vallée du Fier,

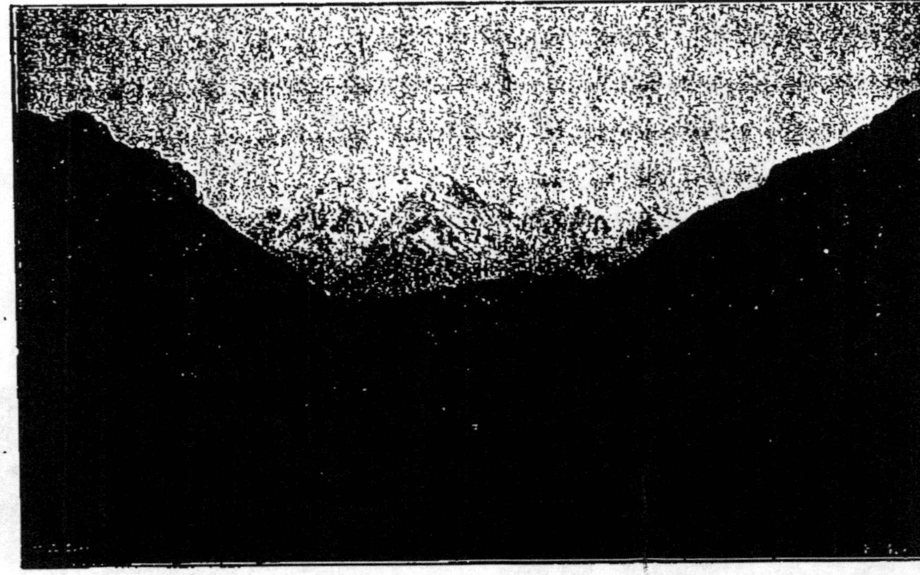

LE COL DES ARAVIS (1948ᵐ D'ALT.)

qu'on côtoie au défilé ouvert entre la montagne de Lachat, au N., et celle de Veyrier, au S.

(11 kil.) DINGY-PARMELAN, station située au Pont Saint-Clair, à 2 kil. au S. de Dingy, par où l'on monte, le plus habituellement, en 3 h. 30, au PARMELAN (1.855 mèt.). — (15 kil.) ALEX. — (19 kil.) MORETTE. — (22 kil.) **Thônes**, à 626 m. d'alt.

De Thônes, une voiture publique (1 fr. 50) dessert, en 3 h., en remontant la vallée de la Borne, par (8 kil.) SAINT-JEAN-DE-SIXT, (12 kil.) **Le Grand-Bornand** (931 m. d'alt.), d'où l'on peut gagner, par (3 h.) le COL DES ANNES (1.710 m.), la jolie VALLÉE DU REPOSOIR, (5 h. 30). Le Reposoir, à 15 min. de l'ancienne Chartreuse de ce nom, et aboutir dans la vallée de l'Arve, près de Cluses (V. page 239).

Du Grand-Bornan ou du Reposoir, on monte, par (5 h. environ) le REFUGE SAUVAGE (2.100 m.), à la **Pointe-Percée**

VUE GÉNÉRALE DE THONES

(2.752 mèt.), d'où le Mont-Blanc apparaît dans toute sa splendeur.

De Thônes, une route conduit directement, par le COL DE SERRAVAL et les défilés du Deson et des Combes, en côtoyant le pied E. de la Tournette, à (19 kil.) Faverges (V. ci-dessus).

La route laisse, au S., la vallée supérieure du Fier, pour remonter celle du Nom par (26 k.) LES VILLARDS-SUR-THONES; (30 kil.) SAINT-JEAN-DE-SIXT, à 1.012 mèt., où se détache, vers l'E., la vallée du Grand-Bornand.

On s'engage, au S., dans la gorge du Nom. (34 kil. 500) LA CLUSAZ, centre de villégiature, à 1.040 mèt. — Par un grand

VIADUC DE SAINTE-MARIE

lacet, que les piétons évitent, on atteint (42 kil.) le **col des Aravis** (1.498 m.), où se trouve un chalet-hôtel. Vue splendide sur le Mont-Blanc, surtout en montant 10 min. au S. du col.

On descend, par la rive g. du ruisseau des Aravis, à (46 kil.) LA GIETTAZ (1.110 m.), puis, par la combe de l'Arondine, à (53 kil.) Flumet (V. page 268), où l'on rejoint la route de (57 kil.) Mégève, (72 kil.) Saint-Gervais, et (76 kil.) Le Fayet (V. page 266).

Au sortir de la gare du Fayet-Saint-Gervais, le chemin de fer de Chamonix, actionné par l'électricité, franchit le Bon-Nant, puis l'Arve. — (88 kil.) *Chedde*, où une fabrique de chlorate emprunte à une chute d'eau de 140 mètres de haut une force de 12.000 chevaux. On traverse l'Arve de nouveau pour remonter, par une rampe de 9 %, la rive g. de la gorge où il descend tumultueusement.

Dans le vallon du (90 kil.) *Châtelard*, on laisse, à g.,

CHAMONIX ET LE BRÉVENT EN HIVER

une première usine produisant une force électrique de 4.000 chevaux, pour la traction des trains.

Au sortir d'un des nombreux petits tunnels qui coupent le parcours de la ligne, la ligne débouche dans le verdoyant vallon de (92 kil.) *Servoz* (850 m. d'alt.), situé à 15 min. de la gare, et où l'on visite (en 1 h.) les

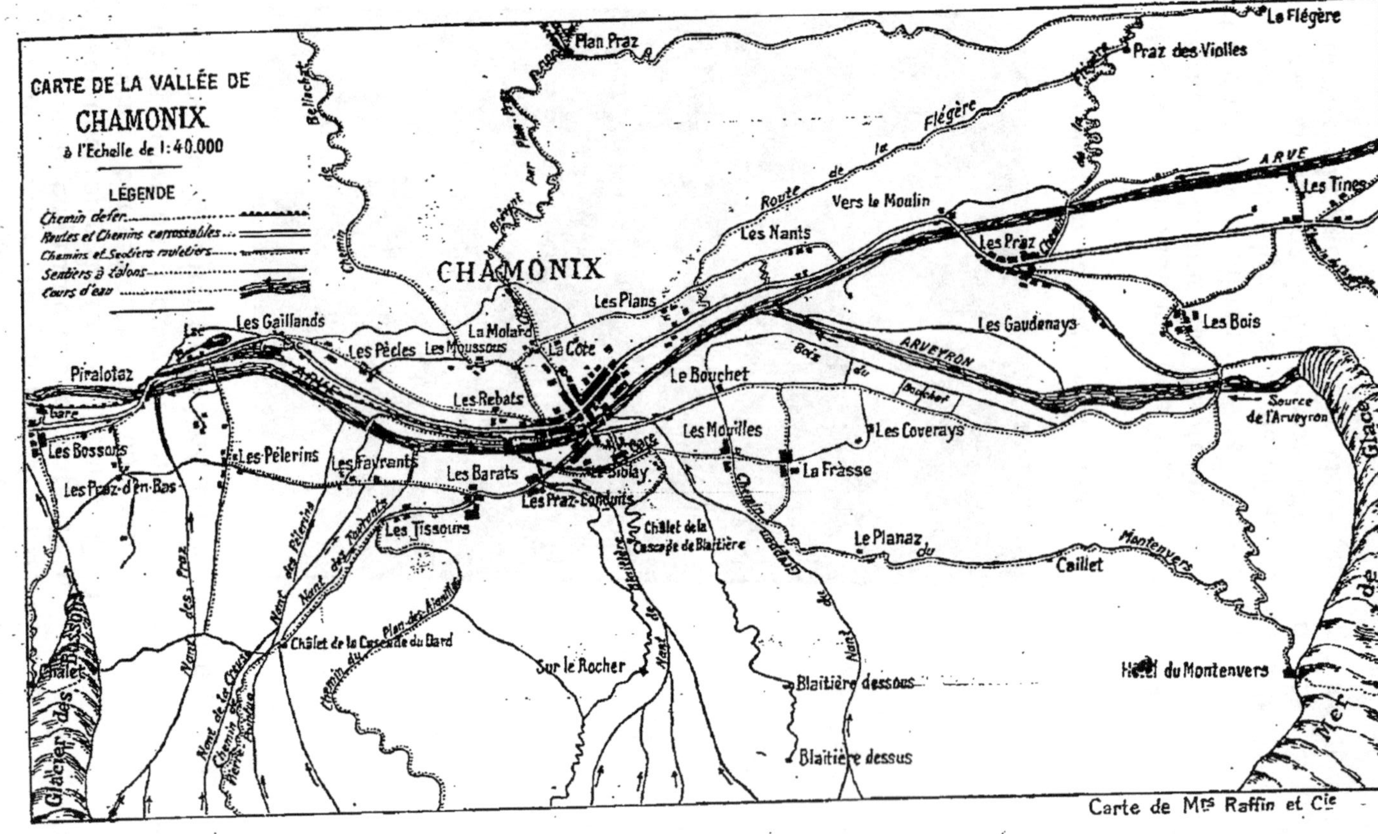

CARTE DE LA VALLÉE DE
CHAMONIX
à l'Echelle de 1:40.000
LÉGENDE
Chemin de fer
Routes et Chemins carrossables
Chemins et Sentiers muletiers
Sentiers à talons
Cours d'eau
CHAMONIX
Piralotaz
Les Gaillands
Les Pêcles
Les Moussous
La Molard
La Côte
Les Rebats
Les Plans
Le Bouchet
Les Mouilles
Les Coverays
La Frasse
Les Bossons
Les Pèlerins
Les Favrants
Les Barats
Le Siblay
Les Praz-d'en-Bas
Les Praz-Conduits
Châlet
Les Tissours
Châlet de la Cascade de Blaitière
Châlet de la Cascade du Bard
Sur le Rocher
Blaitière dessous
Blaitière dessus
Le Planaz
Caillet
Hôtel du Montenvers
Les Plans
Les Nants
Les Praz
Les Gaudenays
Les Bois
Vers le Moulin
Plan Praz
Praz des Violles
Le Flégère
Les Tines
Source de l'Arveyron
ARVE
ARVEYRON
Bois du Bouchet
Flégère
Bellachat
Nant des Praz
Nant des Pèlerins
Nant des Favrants
Nant de Blaitière
Glacier des Bossons
Mer de Glace
Montenvers
Chemin du
Route de la
Brévent par Plan Praz
Carte de Mrs Raffin et Cie

très pittoresques **Gorges de la Diosaz** (1 fr.) descendue du Buet.

La ligne continue à s'élever au milieu de sites charmants et dépasse (94 kil.) la deuxième usine électrique de la Cie P.-L.-M., dont une chute d'eau de 95 mèt. produit une force de 10.800 chevaux. — Après avoir traversé le tunnel de la Cascade, on franchit l'Arve sur le beau *viaduc de Sainte-Marie*, haut de plus de 50 mèt., et composé de 7 arches dont la centrale a 25 mèt. d'ouver-

CHAMONIX. — MONUMENT DE SAUSSURE

ture. L'approche des glaciers de la chaîne du Mont-Blanc captive l'attention. — (97 kil.) *Les Houches* (980 m. d'alt.), à l'entrée de la vallée de Chamonix. On est dominé par les glaciers de la Griaz, de Taconnaz et des Bossons. — (101 kil.) *Les Bossons*, en face du glacier de ce nom.

(105 kil.) **Chamonix** situé à 1.041 m. d'alt., au

centre d'une vallée longue de 23 kil., sur l'Arve, est dominé sur son versant S. par la colossale masse glaciaire
du Mont-Blanc (4.810 m.), d'où descendent, entre autres,
les gigantesques glaciers des Bossons et des Bois (ce
dernier forme la Mer de Glace). Sur le versant N., se

LE MONT-BLANC ET SES ITINÉRAIRES D'ASCENSION

dresse le Brévent (2.525 mèt.), magnifique belvédère
d'accès facile.

Placé à cheval sur l'Arve, Chamonix est desservi, sur la
rive dr. de ce torrent, par une longue rue que coupe, à angle
droit, l'avenue de la Gare, allant de l'église à la station du
chemin de fer, placée sur la rive g. Prieuré de bénédictins,
en 1091, sous le nom de CAMPUS MUNITUS (signifiant CAMP
RETRANCHÉ), Chamonix a acquis sa renommée surtout depuis
les voyages que de Saussure y fit à partir de 1760, et dont la
mémoire est consacrée, sur une place de Chamonix (rive g. de

l'ancien pont), par un MONUMENT, de Salmson, où le savant
naturaliste genevois figure, accompagné de son guide, Jac-

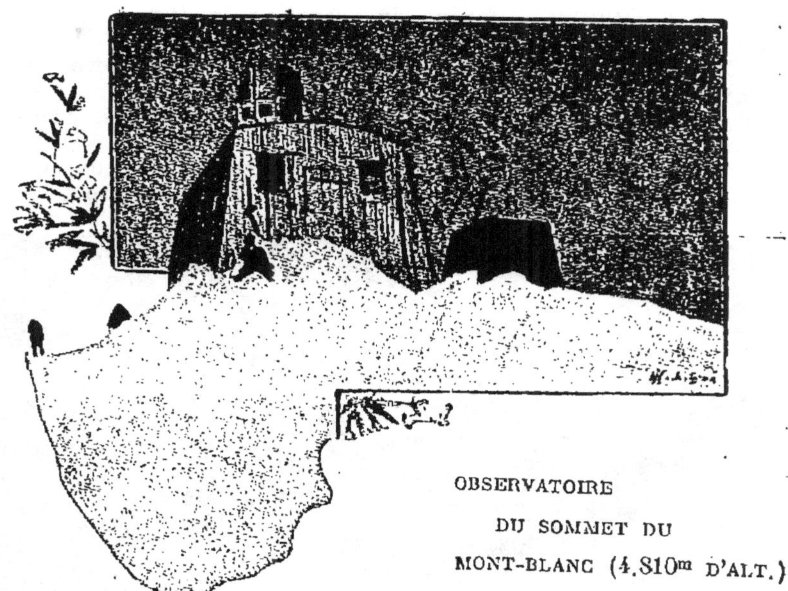

OBSERVATOIRE

DU SOMMET DU

MONT-BLANC (4.810ᵐ D'ALT.)

ques Balmat, premier ascensionniste du Mont-Blanc, avec le
Dr Paccard, en 1786.

En sortant de la gare, on voit en face (à dr.) l'église angli-
cane, avec les tombes de quelques alpinistes morts dans la

MONTENVERS ET LA MER DE GLACE

région. L'avenue de la Gare laisse, à dr., le monument de Denys Puech, élevé en souvenir de l'historien du Mont-Blanc, CHARLES DURIER. Au pied de l'escalier de l'église est dressé un bloc de rocher avec médaillon de J. Balmat.

CENTRE D'EXCURSIONS de tout premier ordre, doté d'excellents guides, Chamonix est également un centre de villégiature des plus appréciés. Son climat est sec. En été, une brise rafraîchissante, due à la proximité des glaciers, vient tempérer les fortes chaleurs. Malgré sa haute altitude, on constate à Chamonix des écarts moins grands de température que dans

GLISSADE EN SKI   *Phot. G. Tairraz*

beaucoup d'autres stations analogues, grâce aux hautes montagnes qui forment le cadre de la vallée et qui l'abritent contre les vents violents.

D'autre part, Chamonix est devenu une station d'hiver, à juste titre extrêmement réputée. L'épaisseur de la neige tapissant le sol y varie de 50 centimètres à 1 mètre ; elle ensevelit, en les maintenant gelées, toutes les poussières de l'air qui possède, par suite, une merveilleuse pureté. Le brouillard est inconnu et le soleil ne cessant guère de briller d'un vif éclat, l'intimité de sa chaleur et de son éclat inonde la vallée de lumière et conserve au corps de l'homme son calorique propre, malgré la rigueur de la saison. Chamonix est ainsi un centre de grandes excursions en skis, comme il l'est, d'ailleurs, de tous les sports d'hiver, en faveur desquels rien n'est négligé, pour assurer leur développement dans les meilleures conditions, par le CLUB DES SPORTS ALPINS. Les amateurs de promenades en traîneaux, de skis, de luge, de bobsleigh, de hockey, de curling, de même que de patinage, sont donc assurés de trouver, à Chamonix, pleine satisfaction.

Parmi les innombrables **promenades, excursions** et **ascensions** dont Chamonix est le centre, il convient de signaler tout spécialement: le **Montenvers** (2 h. 30, 1.910 m. d'alt., funiculaire en construction), d'où l'on peut traverser la **Mer de Glace,** pour redescendre par le Chapeau, si on ne poursuit pas jusqu'au **Jardin** (2.997 m., 5 h., guide 14 fr.); — **La Flégère** (1.810 m., 2 h. 30), offre une vue panoramique splendide sur la Mer de

EN BOBSLEIGH *Phot. G. Tairraz*

Glace; — **Le Brévent** (2.525 m.), très aisément accessible en 4 h. 30 par (3 h.) PLANPRAZ (2.062 m.), offre une vue splendide sur le Mont-Blanc. — L'excursion de 3 h. (aller et retour) au glacier des Bossons s'effectue, de préférence, à l'aller, par la gare des Bossons (V. ci-dessus), avec retour en 1 h., sous bois, par la CASCADE DU DARD. — Le **Plan de l'Aiguille** (2.203 m., 3 h. 30) et le pavillon de **Pierre-Pointue** (2.057 m., 3 h.) sont très fréquentés.

Mais l'ascension par excellence des environs de Chamonix est celle du **Mont-Blanc,** le roi des Alpes par son altitude de

4.810 m. On y accède de préférence par Pierre-Pointue, les **Grands-Mulets** (3.051 m.); l'OBSERVATOIRE VALLOT (4.362 m.). Sur le sommet, l'astronome J. Janssen a établi un observatoire.

De Chamonix, on accède, par le **col** (de glacier) **du Géant** (3.370 m.), à Courmayeur ; à Saint-Gervais, par le joli chemin muletier du PAVILLON DE BELLEVUE (1.781 m.) ; à Sixt, par les cols muletier du BRÉVENT (2.461 m.) et D'ANTERNE (2.263 m.); à Martigny surtout, d'abord par le chemin de fer électrique cols muletiers du BRÉVENT (2.461 m.) et D'ANTERNE (2.263 m.); à Martigny surtout, par le chemin de fer électrique passant par **Argentière** (1.250 m.), au pied du beau glacier de ce nom, pour franchir en tunnel (1.386 m. d'alt.) le COL DES MONTETS, et rejoindre, par VALLORCINE, la station frontière du **Châtelard** (1.122 m.). De là cette voie ferrée, très pittoresquement tracée en partie sur le flanc de la vallée du Trient, descend par FINHAUT et SALVAN, à **Vernayaz** et **Martigny,** où on trouve la ligne du Simplon à Lausanne. (De Chamonix à Martigny : 15 fr. 75 ou 9 fr. 85.)

D'Argentière on peut encore gagner Martigny par le chemin muletier du **Col de Balme** (2.204 m.) et le vallon du Trient, où l'on rejoint la petite route de voitures passant par le COL DES MONTETS (1.462 m.), VALLORCINE, le CHATELARD et la TÊTE NOIRE, pour franchir le col de la Forclaz (1.523 m.)

De Vallorcine on monte, en 6 h. 30, au **Buet** (3.109 m.)

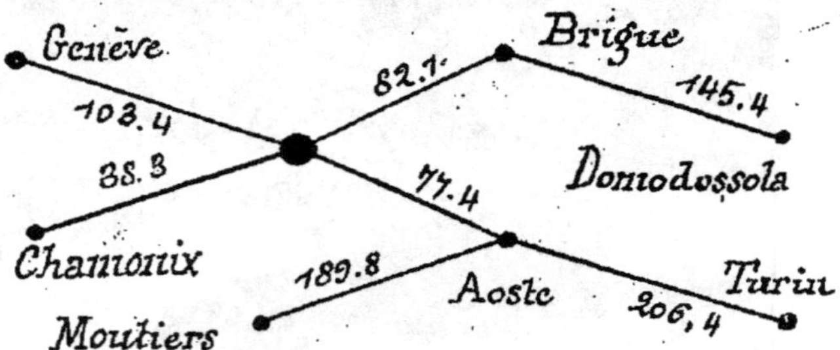

Carte des distances kilométriques par route des environs de **Martigny**
(H. Dolin)

DE PARIS A THONON ET ÉVIAN

670 kil. Trajet en 11 h. à 14 h. 30 ; prix : 75 fr. 05, 50 fr. 65, 33 fr. 05.

559 kil. de Paris à Culoz (V. page 189), où se détache, à dr., la ligne d'Aix-les-Bains, Annecy, Chambéry, Brides, Modane, Grenoble, etc.

On remonte, vers le N., la rive dr. du Rhône (574 kil.) **Seyssel** gare qui dessert les deux villes du même nom, situées sur chaque rive du Rhône; le pont les reliant est pourvu de herses que les douaniers descendent, la nuit, pour empêcher la contrebande.

(581 kil.) *Pyrimont*, où s'exploitent des mines d'asphalte. — La vallée devient pittoresque au delà d'une série de tunnels dont le dernier a 1.025 mèt., on atteint (592 kil.) **Bellegarde** (à 372 m. d'alt., B., douane), près du confluent de la Valserine. On y voit la *perte du Rhône*, gouffre dans lequel le fleuve s'écoule souterrainement pendant les basses eaux, sur 60 mèt. de long. En amont, une dérivation du fleuve, par un tunnel de 550 m., actionne des établissements industriels.

34 kil. de Bellegarde à Genève (V. page 291) ; 64 kil. à Bourg, par (24 kil.) Nantua.

On franchit le viaduc de la Valserine, long de 250 m. et haut de 52 m., à 2 kil. en amont duquel la Valserine se perd sur une longueur de 400 mèt. Au delà du *tunnel du Crédo*, long de 3.000 mèt., et du *défilé de l'Ecluse*, par lequel le Rhône débouche de la Suisse, on laisse à g. la ligne de Genève, pour traverser le Rhône puis un tunnel. — (605 kil.) *Valleiry*. — (611 kil.) *Viry*. — (616 kil.) **Saint-Julien** relié, par un tramway électrique, à (10 kil.) Genève. A 20 min. se trouvent les ruines du *château de Ternier* (XIIᵉ s.).

La voie ferrée continue à longer la frontière en passant à (619 kil.) *Archamps*. — (624 kil.) *Bossey-Veyrier*, d'où l'on va en tramway, par le Monnetier, au Salève (V. ci-dessous), dont on longe, à dr., les escarpements. — (629 kil.) *Etrembières-Salève*. — (631 kil.) **Annemasse** (B.).

7 kil. d'Annemasse à Genève ; 16 kil. à La Roche-sur-Foron, embranchement des lignes d'Annecy et du Fayet-St-Gervais-Chamonix.

ASCENSION DU SALÈVE. — (Tramway, 7 kil. 700 ; 95 cent. et 3 fr. 20 ; aller et retour 1 fr. 50 et 5 fr.) — D'Annemasse, on monte, par (2 kil.) ETREMBIÈRES, MORNEX et MONNETIER, aux TREIZE ARBRES (1.142 m.). A 5 min. de l'Hôtel des Treize-Arbres, on jouit d'une vue splendide qui, 30 min. plus loin, du CRÊT DE LA GRANGE TOURNIER, sommet du **Salève** (1.304 mèt.), s'étend jusqu'au lac d'Annecy.

(637 kil.) *Saint-Cergues*. Bientôt on aperçoit, à g., le

lac Léman. — (641 kil.) *Machilly.* — (645 kil.) *Bons-Saint-Didier*, d'où l'on monte aux **Voirons** (1.486 m.), belvédère et station d'été très fréquentés. — (615 kil.) *Perrignier.* — (654 kil.) *Allinges-Mésinges.*

661 kil., **Thonon-les-Bains.**

THONON-LES-BAINS

THONON-LES-BAINS

Thonon-les-Bains est la principale des villes savoisiennes des bords du lac Léman, qu'elle domine d'une soixantaine de mètres du vaste plateau où elle est bâtie. Elle occupe ainsi une situation climatérique des plus favorisées, car, si elle profite du voisinage du lac comme les autres villes du rivage, ce qui lui vaut une température sensiblement égale, la présence de brises régulières, l'absence d'orage, etc., elle n'est point soumise à la saturation constante qui caractérise le climat lacustre auquel son altitude, par rapport au niveau du lac, lui permet d'échapper.

Thonon est avant tout une station climatérique de premier ordre et le véritable centre de toutes les excursions en Chablais, puisqu'elle est située au point de

convergence de toutes les routes nationales et départe-
mentales de la rive française du lac Léman.

Thonon possède un SYNDICAT D'INITIATIVE, dont le Bureau
officiel de Renseignements gratuits (Grande-Rue, 16, près du
carrefour du Molard), est ouvert de 8 h. du m. à 6 h. du s.,

THONON-LES-BAINS. — LE PORT

et répond gratuitement à toute lettre relative à un séjour sur
la rive française du lac Léman.

Deux artères principales desservent Thonon : l'une
formée par la Grande-Rue et les Ursules, route nationale
de Paris à Milan, par le Simplon, l'autre, par la rue
Vallon, la rue des Arts, le boulevard des Vallées, route
nationale de Thonon à Grenoble, par Saint-Gervais. Sur
elles viennent s'embrancher les autres voies principales :
boulevards des Bains, Carnot, de la Corniche, rues de
l'Hôtel-de-Ville, F.-Dubouloz, de Lort, etc.

De l'*Esplanade de Crête*, ombragée par de beaux
arbres, l'on domine la ville et l'on jouit d'une vue splendide sur le lac et les Alpes.

Au bord du lac, à Rives, où se trouve le port relié à
la ville par un funiculaire (10 cent.), qui aboutit à la

place Château, l'Etat a fait construire, à côté d'un joli jardin public, un Etablissement de pisciculture qui est le plus important de France.

Parmi les monuments de la ville, on doit remarquer : l'église *Saint-Hippolyte* (*crypte romane* du XIe s.) ; l'église *Saint-Sébastien* (XVe s., désaffectée); le cloître de l'ancien couvent des Minimes, actuellement l'*Hôtel-Dieu* (XVIIe s.); le *château des Guillet-Monthoux* (XVIe s.) ; le *Musée*, situé à l'Hôtel de Ville (collection la plus

THONON-LES-BAINS. — CASINO

complète des oiseaux du Léman, etc.); l'*Etablissement des Bains*, etc.

Les eaux minérales de Thonon-les-Bains, connues dès l'époque romaine, ainsi que le prouvent des restes de constructions, sont froides, bi-carbonatées et nitreuses ; elles contiennent des quantités notables d'arsenic de cuivre et de fer, ainsi que des traces de matières résino-balsamiques. Fort semblables à celles d'Evian par leur composition, elles augmentent la quantité des urines sans diminuer toutefois notablement le chiffre de l'urée et produisent un véritable lavage interne de l'organisme.

L'extrême pureté de cette eau permet de la conserver indéfiniment. Eau de table parfaite, elle est employée, d'autre part, dans tous les usages hydrothérapiques où une température basse (9°) est exigée pour produire des efforts reconstituants et toniques.

L'*Etablissement thermal*, très confortablement installé, est ouvert du 15 mai au 30 septembre. Situé boulevard des Bains, aux portes de la vieille ville, il est entouré d'un vaste parc.

ENVIRONS DE THONON-LES-BAINS. — Les services réguliers de voitures, d'autobus, du chemin de fer, de bateaux desservant les localités voisines, font de Thonon un véritable centre d'où le touriste rayonne facilement, tandis que de nombreuses routes, facilement cyclables, rayonnent dans toutes les directions et mettent ainsi les excursions à la portée de tous en rendant les communications très faciles.

On doit signaler tout particulièrement : RIPAILLE, à 25 min., au bord du lac, près de l'embouchure de la Drance. (Château des ducs de Savoie, où résida Amédée VIII devenu pape sous le nom de Félix V; ce château n'est pas visible aux étrangers).

LES ALLINGES (45 min. en voit., alt. 712 m.). — Ruines d'un château-fort du XIe s., puis demeure de saint François de Sales, l'apôtre du Chablais. — C'est le but d'une promenade de 5 kil., à la portée de tous, et d'où l'on jouit d'un panorama admirable sur tout le lac Léman, les Alpes Vaudoises, le Jura et le massif des Dents d'Oche. (Service d'excursions régulières par les soins du Syndicat d'Initiative.)

LES GORGES DU DIABLE (1 h. 1/2 en voiture, 16 kil. par la belle route de la vallée des Drances), rendues facilement accessibles par des galeries de fer descendant jusqu'au fond du gouffre. (Service d'excursions régulières par les soins du Syndicat d'Initiative.)

La voie ferrée franchit la Drance. — (668 kil.) **Amphion-les-Bains** admirablement situé, près du lac, possède un établissement balnéaire qu'alimentent deux sources minérales froides, dont une est ferrugineuse. — On domine le lac sur la rive N. duquel se montre Lausanne. — (670 kil.) **Evian-les-Bains.**

EVIAN-LES-BAINS

Evian-les-Bains la perle des rives savoisiennes du Léman, possède une seconde station (pour voyageurs sans bagages) aux (671 kil.) *Bains-d'Evian*, point terminus des trains express de la saison d'été, à proximité immédiate du Splendid-Hôtel, dont la terrasse est à 414 m. d'alt.

Merveilleusement étagée en amphithéâtre sur le bord du Léman, en face de Lausanne, la station balnéaire d'Evian est

EVIAN-LES-BAINS. VUE GÉNÉRALE

adossée aux derniers contreforts des Alpes du Chablais, dans une situation pleine de charmes. La réputation universelle de ses eaux, ainsi que les distractions qu'elle offre à ses visiteurs, de mai à fin septembre, assurent à cette gracieuse petite ville d'environ 3.000 habitants, qui est aussi une station climatérique de premier ordre, une vogue sans cesse croissante parmi le monde des baigneurs, des villégiatureurs et des touristes.

Le climat d'Evian, d'une action tonique remarquable, est tempéré et très heureusement équilibré. Il convient ainsi aux tempéraments nerveux et aux organismes surmenés. La contrée est garantie des chaleurs excessives de l'été par l'ombrage des hautes futaies, et le lac, dont le voisinage la défend des orages violents, envoie des brises rafraîchissantes. Aussi, en juillet et août, la température se maintient-elle entre 15 et 20 degrés centigrades à Evian.

De la station d'Evian-les-Bains, l'avenue de la Gare conduit à la rue Nationale. Dans cette artère principale de la ville, tracée parallèlement au quai bordant le lac, se trouvent la Poste, la Buvette de la Source Cachat, et

de nombreux hôtels. Plusieurs rues, ouvertes perpendiculairement à cette voie centrale, desservent, au Nord,
l'église de style ogival du XIIIe s. (une Vierge de cette
époque y est particulièrement vénérée); le Casino-Théâtre, ancien manoir des barons de Blonay; le port et l'embarcadère des bateaux à vapeur, etc.

Le quai, ombragé de platanes, forme une belle promenade de plus de 1.500 m. de long. A son extrémité O.

ÉVIAN. — BUVETTE

se trouve, dans un joli square, la statue du général
Dupas. A l'E., le jardin public est décoré d'un monument élevé en souvenir du prince Brancovan, auquel est
due l'amélioration du port d'Evian.

On remarque encore, parmi les anciens monuments
d'Evian, cinq tours bien conservées, qui défendaient la
cité au midi et au couchant; la tour du beffroi de l'Hôtel
de Ville et la salle des archives; l'ancien couvent des
Cordeliers et quelques vieilles maisons; l'une d'elles,
dans la rue Edouard-Folliet, à M. A. Lumière, eut pour
propriétaire Mme de Warens, la *maman* de Rousseau.

Le nouvel *Etablissement thermal* « *Bains d'Evian* ».
inauguré en 1902, est une conception architecturale d'une
véritable grandeur. Le service hydrothérapique, bains,
douches et massages, comprend les perfectionnements

les plus modernes appliqués dans un milieu confortable et luxueux : électrothérapie, mécanothérapie, massage français, gymnastique, massage suédois, etc. Plus de 1.200 bains ou douches peuvent y être donnés journellement. Sur le plateau du Châtelard, à une altitude de 500 mèt., à proximité du Royal-Hôtel, relié, comme le Splendid-Hôtel, à la Buvette Cachat par un funiculaire, est l'*Ermitage*, maison de cure, établissement diététique, le premier du genre en France.

Les Eaux d'Evian sont fraîches, faiblement minéralisées, très agréables à boire ; elles appartiennent à la catégorie

LE PORT D'ÉVIAN

des eaux bicarbonatées calciques et magnésiennes froides (12°). Sources principales : CACHAT, *Bonnevie, Cordeliers, Clermont* et *Montmasson.*

Le type par excellence des Eaux d'Evian est l'eau de la SOURCE CACHAT, découverte en 1789, la plus anciennement connue, la mieux étudiée au point de vue thérapeutique, la plus célèbre en un mot.

Elle est spécialement indiquée dans le traitement de la goutte chronique, des affections urinaires chroniques, des maladies des voies digestives, du foie et de l'appareil biliaire.

En dehors de ces qualités thérapeutiques, sa pureté bactériologique, sa fraîcheur, sa limpidité et son inaltérabilité en font une eau de table particulièrement appréciée.

Il s'en vend actuellement dix millions de bouteilles par an.

La buvette de la Source Cachat est superbement édifiée sur l'emplacement de l'ancien établissement thermal de la rue Nationale. Une autre buvette de la Source Cachat, dite Buvette du Parc, de style roman, se trouve dans le parc du Splendid-Hôtel.

Parmi les distractions de toute nature qui abondent à Evian, une large part appartient aux sports : lawn-tennis, golf, hockey, automobilisme, pêche et canotage, alpinisme, etc. Les fêtes de nuit et les régates y ont un éclat exceptionnel.

ENVIRONS D'EVIAN. — Tout autour d'Evian, sur une longueur de plage de près de 15 kilomètres, on ne voit que villas. et châteaux entourés de verdure et d'ombrages.

NEUVECELLE (à 20 min.) possède un châtaignier de plus de 12 mètres de circonférence et un vieux château.; MAXILLY (à 40 minutes), en dehors de ses superbes châtaigneraies, attire les promeneurs par ses ruines intéressantes, de même que LUGRIN, SAINT-PAUL et FÉTERNES. Citons encore LARRINGES (à 1 h. 30), la TOUR DE DESSAIX ; les anciennes abbayes de MARAICHE, SAINT-JEAN-D'AULPS, et surtout celle d'ABONDANCE, accessible par des voitures publiques (2 fr. 50) desservant la charmante vallée de ce nom. D'autres vallées dont celle du BIOT et celle de MORZINE, attirent aussi de nombreux visiteurs.

Les excursions sur le lac, en particulier à OUCHY (30 min., 1 fr.) d'où un funiculaire conduit à LAUSANNE, sont fort attrayantes.

Quant aux courses alpestres, on doit recommander surtout celles du PIC DE MEMISE (1.682 m. d'alt.), par THOLLON ; de la DENT D'OCHE (2.225 m. d'alt.), par Bernex, et des CORNETTES DE BISE (2.438 m. d'alt.), par Vouvry.

D'Evian, le chemin de fer continue à longer le lac Léman pour gagner la frontière Suisse à (687 k.) **Saint-Gingolf** et au (693 kil.) **Bouveret** l'extrémité E. du lac. Il rejoint à (716 kil.) Saint-Maurice, la ligne de Lausanne au Simplon.

DE PARIS A GENÈVE

626 kil. — Trajet en 10 h. 20 à 20 h.; prix : 70 fr. 15, 47 fr. 30, 30 fr. 85.

592 kil. de Paris à Bellegarde (V. page 281), où se détache la ligne d'Annemasse, Chamonix, Thonon, Evian, etc.

Après avoir traversé le tunnel du Crédo et dépassé le

défilé de l'Ecluse, on laisse, à dr., la ligne d'Annemasse qui franchit la profonde gorge du Rhône sur un gracieux viaduc. A g. se détache la ligne de Gex et Divonne.

(593 kil.) *Collonges-Fort l'Ecluse.* — (606 kil.) *Pougny-Chancy*, station frontière; le village de Chancy, sur la rive g. du Rhône, appartient au canton de Genève. — On pénètre sur le territoire Suisse un peu avant d'atteindre la station de (611 kil.) *La Plaine.* — La voie s'éloigne du Rhône, dont les méandres sillonnent la plaine, que domine, vers l'E., la falaise du Salève. — (616 kil.) *Satigny.* — (620 kil.) *Vernier-Meyrin.*

(626 kil.) **Genève.**

GENÈVE

Tramways électriques : de la GARE DE CORNAVIN, par le pont du Mont-Blanc, la place du Molard, la place Neuve et le rond-point de Plainpalais, à CAROUGE ; — de la GARE DE CORNAVIN, par la place du Molard et le cours de Rive, à la GARE DE GENÈVE-EAUX-VIVES, à Chêne, à Annemasse et à Etremblières; — ligne de la GRANDE CEINTURE, de la GARE DE CORNAVIN par les boulevards James-Fazy, de Plainpalais, des Philosophes, et des Tranchées, à la PLACE DU PORT ; — du PETIT-SACONNEX à la gare de Cornavin, à la place Bel-Air et à CHAMPEL ; — de la PLACE BEL-AIR, à l'Est, au Parc des Eaux-Vives, à l'Est, et à la JONCTION.

Environs de Genève : Lignes de VEYRIER-COLLONGES, SAINT-JULIEN, LANCY, CHANCY, VERNIER, FERNEY, GEX, VERSOIX, HERMANCE, DOUVAINE, JUSSY.

Fiacres : La course 1 fr. 50 (de nuit, de 9 h. à 6 h., 2 fr. 25); l'heure 2 fr. 50, puis 65 cent. par 1/4 d'heure (de nuit, 3 fr. 75, puis 1 fr. par 1/4 d'heure). — Bagages : 50 cent. par colis autres que les colis à la main.

N. B. — L'HEURE SUISSE est de 50 minutes en avance sur l'heure française, et de 55 minutes sur l'heure des chemins de fer français.

Histoire. — Genève fut signalée pour la première fois dans l'histoire par César, comme étant la ville la plus septentrionale des Allobroges. Le pont qui la reliait à la rive dr. du Rhône fut coupé par le conquérant romain afin d'arrêter le passage des Helvètes (58 a. av. J.-C.). Lors de l'organisation administrative de la Gaule, Genève fut classée dans la province narbonnaise, et, après que le christianisme s'y fut établi, au IVe s., elle devint la capitale religieuse d'un vaste diocèse s'étendant jusqu'au lac d'Annecy. Occupée au Ve s. par les Burgondes, puis, en 534, par les Francs, elle devint une des principales cités du royaume de Bourgogne transjurane, en 888. Son dernier roi, Rodolphe III, légua sa couronne à l'empereur Conrad le Salique (1032).

Ainsi devenue ville impériale, son gouvernement local, alors exercé par l'évêque, fut l'objet de prétentions de la part du comte de Savoie qui s'empara, en 1290, du château épiscopal de l'Ile. Le zèle des citoyens, constitués en communauté dès la fin du XIIIe s., empêcha que les empiètements de la maison de Savoie ne se transformassent en une prise de possession, objectif principal des princes savoyards pendant plusieurs siècles.

Des traités de combourgeoisie, passés avec différents cantons suisses, assurèrent à Genève une sécurité qui ne devint définitive qu'après l'adoption de la Réforme, en 1535. Genève se transforma alors en une République gouvernée par des syndics et des conseils élus par le peuple.

Prêchée d'abord par Farel, la Réforme avait trouvé un ardent apôtre en la personne de Jean Calvin, né à Noyon, en Picardie, et venu en 1536 à Genève, où il mourut en 1564. La sévérité de la discipline de Calvin fit de Genève, avec l'appui des princes réformés, une forteresse bien gardée, qui devint le sûr asile des protestants chassés de divers pays, principalement de France. Les écrits de J.-J. Rousseau, né à Genève en 1712, y exercèrent leur influence.

En 1798, le Directoire annexa à la France la cité genevoise, qui devint chef-lieu du département du Léman. La restauration de la République, proclamée le 31 décembre 1813, fut consacrée par le Congrès de Vienne qui reconnut l'indépendance de Genève et accorda à celle-ci un accroissement de territoire. Peu après, Genève entra comme 22e canton dans la Confédération suisse. La superficie est de 286 kilomètres carrés, et sa population d'environ 142.000 habitants, dont 113.000 dans l'agglomération urbaine.

Située à 375 mètres d'altitude, Genève jouit d'un climat remarquablement salubre et tempéré. Le vent du Nord ou bise, qui domine, mais ne souffle que rarement avec force, est sec, frais et tonique ; il y amène l'air pur des monts et du lac. Aussi Genève ignore les épidémies, et la mortalité y est très faible (17 pour mille). L'eau potable y est telle que Tyndal, après de minutieuses recherches, a pu déclarer qu'aucune ville d'Europe n'en possédait de meilleure.

Les bains du Lac, du Rhône, de l'Arve, fournissent aux amateurs un choix de conditions natatoires très variées.

L'industrie et le commerce de Genève sont extrêmement prospères, notamment en ce qui concerne l'horlogerie. Quant à l'instruction publique, l'Etat de Genève ne néglige rien pour la maintenir à un niveau supérieur en consacrant LE TIERS de son budget à ce chapitre particulier.

VISITE DE LA VILLE

La *gare de Cornavin*, ou grande gare, est située vers le N.-O. de la ville. Une seconde gare, celle des *Eaux-Vives*, ou des Vollandes, desservant particulièrement la Savoie, se trouve à environ 2 kil. 1/2, au N.-E.

GENÈVE. — GRANDE POSTE

Voiture publique correspondance du chemin de fer : 50 cent. le jour, 75 cent. la nuit ; bagages, 30 cent. pour 30 kilos. — Tramway électrique de la gare de Cornavin à la place du Molard, 10 cent. ; de la place du Molard à la gare des Eaux-Vives, 15 cent.

On descend, vers l'E., de la gare de Cornavin, par la large *rue du Mont-Blanc*, en passant devant (à g.) la *Grande Poste*, pour gagner directement le lac de Genève, à travers le quartier Saint-Gervais, ancien faubourg, qui s'étend sur la rive dr. du Rhône, alors que la *vieille ville* s'élève sur la rive g.

A dr. du débouché de la rue du Mont-Blanc sur le lac, au n° 3 du quai des Bergues, se trouve le BUREAU DE RENSEI-

MONUMENT BRUNSWICK

GNEMENTS OFFICIELS, fournissant gratuitement (verbalement ou par correspondance) des indications sur les facilités de séjour, excursions, industries locales, ressources de Genève en matière d'instruction et d'éducation, etc.

A g., le *quai du Mont-Blanc* s'étend au N.-E.; il offre une vue fort belle sur la chaîne du Mont-Blanc quand le temps est clair. En face de la rue des Alpes, on peut consulter utilement les indications données par une table panoramique qui est placée près de la berge.

Sur la *place des Alpes* est érigé le **Monument Brunswick**, renfermant les restes du duc Charles II de Brunswick, qui institua, en 1873, la ville de Genève sa légataire universelle (environ 20 millions). En exécu-

GENÈVE ET LE MONT-BLANC

tion des volontés du testateur, ce mausolée a été construit sur le modèle du tombeau des Scaliger, à Vérone. Admirablement situé, en face du lac et des Alpes, au milieu d'une esplanade boisée, il s'élève majestueux, reflétant son image dans des bassins ornés de chimères en marbre, et gardé par deux magnifiques lions, œuvre de Cain.

Un peu en amont se trouve l'**embarcadère des bateaux à vapeur** (rive dr.), et celui des bateaux de louage, non loin du **Kursaal**, théâtre d'été (concert l'après-midi sur la terrasse).

Continuant à remonter la promenade du quai des Pâquis, on gagne la **Jetée des Pâquis**, d'où l'on jouit d'un ravissant coup d'œil d'un côté sur la ville, ses ponts et ses quais, de l'autre sur le lac et ses rives verdoyantes. Un immense jet d'eau (90 mètres) s'élève vers son extrémité le soir.

Depuis la jetée, le quai du Léman conduit au **Parc Mon-Repos**, superbement planté d'essences les plus variées et s'étendant au bord du lac dans une situation magnifique. On y visite (en été tous les jours, sauf le lundi, de 10 h. à midi et de 2 h. à 5 h.) un musée de peinture et des collections ethnographiques.

Des bateaux mouches, dits « MOUETTES », desservent MON-REPOS toutes les 1/2 heures, (en été et les jeudis et les dimanches, tous les 1/4 d'heures), pour atteindre le quai des Pâquis.

Du quai des Pâquis, d'autres « MOUETTES » desservent : toutes les 4 minutes le quai des Eaux-Vives (rive g. du lac) ; toutes les 10 minutes, la place du Molard (rive g. du lac) ; toutes les 10 minutes, de 2 h. à 7 h. en été, le Parc des Eaux-Vives ; 3 fois par jour, en été, le tour du Petit lac par Versoix et Bellerive.

On accède le plus habituellement dans la vieille ville en franchissant le beau **Pont du Mont-Blanc** (terminé en 1862), qui conduit directement de la large rue du Mont-Blanc, descendant de la gare de Cornavin, au **Jardin Anglais**.

En aval du pont du Mont-Blanc, se voit l'**Ile Rousseau**, gracieusement ombragée (statue en bronze de J.-J. Rousseau, par Pradier) ; on y accède par le *pont des Bergues*.

Au-dessous du pont des Bergues se trouve le *pont de la Machine*, sous lequel est construit le barrage réglant le niveau du lac et actionnant l'usine centrale d'électricité. Les eaux se précipitent écumantes sous ce pont, et le Rhône reprend dès lors son nom et ses allures de fleuve. Au delà se trouve une île, puis le *pont de la Coulouvrenière*, d'où l'on aperçoit, au milieu du Rhône, le *Bâtiment*

GENÈVE. — LE KURSAAL

des Turbines (20 turbines fournissant une force de 4.200 chevaux, à très bas prix, dans toute la ville).

Immédiatement en amont du pont du Mont-Blanc, et près de l'embarcadère des bateaux à vapeur (rive g.), se trouve le **Monument National**, élevé en 1869, en commémoration de la réunion de Genève à la Confédération Helvétique, en 1814. A côté, le **Jardin Anglais**, orné d'une fontaine monumentale et des bustes des peintres genevois *Calame* et *Diday*, renferme, dans un petit chalet, le *Relief du Mont-Blanc* (50 cent., gratuit le dimanche). En sortant du jardin par la porte Est, et suivant le *quai des Eaux-Vives*, on accède en 6 minutes (tramway électrique), au joli *Parc des Eaux-Vives* (source « Marsis ») où ont lieu des concerts à 3 h.

De la porte Est du jardin des Eaux-Vives, on remonte au S. la rue Pierre-Fatio jusqu'au cours de Rive (station des tramways électriques de : Vésenaz-Hermance; Corsier-Douvaine ; Vandœuvres-Jussy ; Veyrier-Collonges ; Veyrier-Salève), et continuant à s'élever vers le S., on atteint le plateau des *Tranchées*, où se dressent les cinq coupoles dorées de la *chapelle russe*. A côté, le square Tœpffer est décoré du buste du célèbre humoriste genevois. Les rues *Bellot* et *Saint-Victor* font traverser deux ponts entre lesquels on voit la *Promenade du Pin*, construite sur les anciennes casemates. On débouche sur la *Promenade de Saint-Antoine*, d'où l'on jouit d'une belle vue sur le lac. En contre-bas, à g., se montre le *Collège*, fondé en 1559 par Calvin. A l'E., et reliés à St-Antoine par un pont, apparaissent l'*Observatoire* et le *Musée municipal des beaux-arts*.

Par la *rue des Chaudronniers* et le *Bourg-de-Four*, on pénètre dans la vieille Genève. En face, le *Palais de Justice* (ancien hôpital, façade du XVIIIe s.), un escalier,

GENÈVE. — TOURS DE SAINT-PIERRE

appelé « *les Degrés de Poule* » conduit à la **Cathédrale de Saint-Pierre** commencée au XIe s. et terminée au

XIII⁰ s., mais défigurée extérieurement, au XVIII⁰ s., par un portique corinthien.

A l'intérieur de la cathédrale, on admire les vitraux, les stalles (XV⁰ s.), la statue du duc Henri de Rohan, chef des protestants, tué à Rheinfelden, le monument de Th. Agrippa d'Aubigné, écrivain et confident de Henri IV, etc.

Du haut des Tours (156 marches ; 50 centimes), le panorama est splendide.

La **Chapelle des Macchabées**, élégant spécimen de l'art gothique, est contiguë à la cathédrale; construite par le cardinal de Brogny, elle a été récemment restaurée.

A côté de la chapelle, quelques marches conduisent, par la *rue du Soleil-Levant*, à l'ancien *arsenal*, que supporte une belle colonnade. On y visite (gratuit le dimanche et le jeudi, de 1 h. à 4 h.; les autres jours, 50 cent.) le **Musée historique Genevois** (armures, drapeaux, etc., etc.)

Vis-à-vis, l'**Hôtel de Ville**, de style florentin, conserve, en guise d'escalier, une rampe pavée qui permettait aux anciens magistrats de se rendre aux séances en litière. Un beau portrait de Marie Leczinska orne la salle de la Reine. La salle du Conseil d'Etat possède d'intéressantes fresques du XVI⁰ s.

Au n⁰ 11 de la Grande-Rue, le **Musée Fol** (ouvert le dimanche et le jeudi, de 1 h. à 4 h.), conserve une remarquable collection d'antiquités romaines, étrusques, grecques, d'objets d'art du Moyen Age et de la Renaissance, d'antiquités lacustres, etc.

Dans le voisinage sont situées : la maison où naquit J.-J. Rousseau, au n⁰ 40 de la Grande-Rue, et la *maison de Calvin*, au n⁰ 11 de la rue qui porte son nom.

Le prolongement de la Grande-Rue, la *rue de la Cité*, aboutit à la *rue des Allemands*, où se trouve le **monument de l'Escalade**, jolie fontaine édifiée en souvenir de la dernière tentative des Savoyards contre Genève, le 12 décembre 1602.

A côté de l'Hôtel de Ville, un portique à colonnes descend à la **promenade de la Treille,** d'où l'on jouit d'une belle vue sur la partie S.-O. de la vallée. Le **jardin botanique** créé par Aug. de Candolle, dont un buste en bronze consacre le souvenir, sépare de la **promenade des Bastions** des plus fréquentées avec son kiosque où se donnent des concerts gratuits, soit l'après-

GENÈVE. — LE GRAND-THÉATRE

midi, soit le soir. On remarque les vastes bâtiments de **l'Université** avec le Muséum d'histoire naturelle et la Bibliothèque.

Au N.-O. de la promenade des Bastions, on accède à la *place Neuve,* la plus belle de Genève, au milieu de laquelle se dresse la **statue équestre du général Dufour,** pacificateur de la Suisse, en 1847. A l'E. s'étendent les hautes terrasses de l'ancienne ville; au N. sont édifiés le **Grand Théâtre** qui rappelle, en petit, l'Opéra de Paris, et le **Musée Rath** (de 1 h. à 4 h., sauf le lundi; le dimanche depuis 11 h.), qui contient une belle collection de tableaux surtout de peintres genevois, ainsi qu'une salle de sculptures.

A l'O. de la place Neuve, le *Conservatoire de Musique* masque la jolie église du Sacré-Cœur, qui fait face à la plaine de *Plainpalais* s'étendant vers l'Arve, près de son confluent avec le Rhône.

On descend au N. de la place Neuve par la *rue de la Corraterie*, à la *place Bel-Air*, devant laquelle le *Pont de l'Ile* est dominé par la vieille *Tour de l'Ile*. On peut, de là, par la *rue de Coutance*, la *rue* et la *place Cornavin*, sur laquelle est édifiée l'*église Notre-Dame*, regagner directement la gare de Cornavin.

Mais il est préférable, depuis la place Bel-Air, de remonter la commerçante *rue du Rhône* jusqu'en face du pont des Bergues, pour traverser au S. la *place de Fusterie*, et, par la *rue du Marché* et la *rue de la Madeleine*, accéder à la pittoresque vieille église de ce nom. On rejoindra ensuite rapidement, par la *place de Longemalle*, le bord du lac, en face du pont du Mont-Blanc et la gare de Cornavin, ou, en suivant à l'E. la *rue de la Croix-d'Or*, à laquelle font suite la *rue de Rive*, le *cours de Rive*, la *rue Terrassière* et la *route de Chêne*, desservis par des tramways électriques, on atteindra la gare des Eaux-Vives.

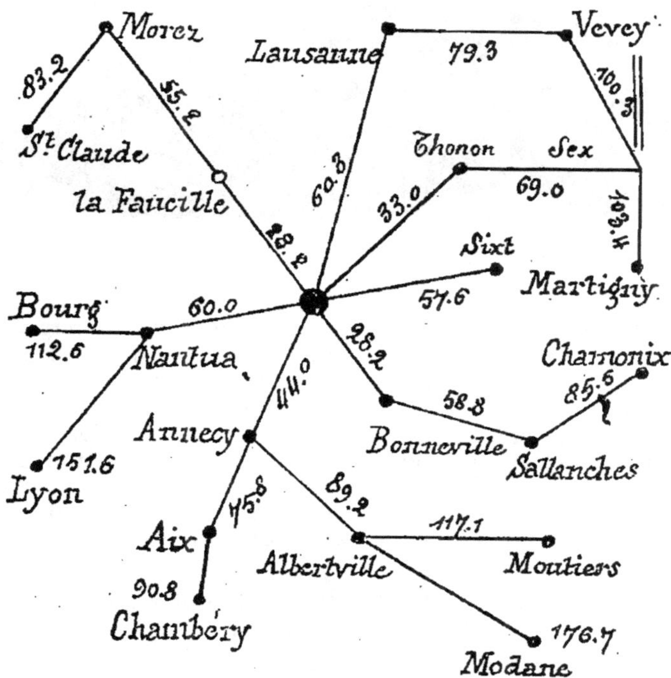

Carte des distances kilométriques par route des environs de **Genève**
(H. Dolin).

ENVIRONS DE GENÈVE

De toutes les excursions dont Genève est le centre, la plus attrayante est le **tour du lac.** Il se recommande de lui-même au touriste. On le fait généralement en bateau à vapeur et plus spécialement sur le bateau-salon LA SUISSE, qui part à 9 h. 1/2 du matin du quai du Mont-Blanc et rentre à Genève le soir, à 8 h. (aller et retour : 1re classe, 11 fr. 25 ; 2e cl., 4 fr. 50. On peut dîner à bord).

GENÈVE. — LA JETÉE DES PAQUIS

Le LAC LÉMAN ou de Genève forme une vaste nappe d'un bleu foncé splendide, alimentée par le Rhône qui le traverse : 41 rivières s'y perdent. Long de 72 kil., large de 14 kil., sa profondeur atteint 310 mèt. et sa surface est à 372 mèt. d'alt. au-dessus du niveau de la mer. Tandis que sa rive N., complètement suisse, s'élève en pente douce, la rive méridionale, qui est française de Hermance à Saint-Gingolph, depuis l'annexion de la Savoie, est dominée par des chaînes de montagnes escarpées, ainsi que la partie orientale du lac.

Le bateau longe d'abord la côte suisse, passe devant *Coppet,* célèbre par les séjours qu'y fit, dans son domaine, la baronne de Staël, fille de Necker. On aborde à *Nyon,* dominé par un pittoresque château, et, après avoir dépassé

Prangins, ancienne propriété du prince Napoléon, on traverse le lac pour toucher à **Thonon** et à **Evian**. Puis on regagne la rive vaudoise à *Ouchy*, d'où, soit par funiculaire, soit par tramway électrique, on accède à **Lausanne.**

On ne quitte plus la côte suisse. Au-dessus de *Vevey* s'élève le chemin de fer du *Mont-Pèlerin*, point le plus favorable pour admirer le panorama de l'extrémité N.-E. du lac. Vevey est reliée par un réseau de chemins de fer nouveaux avec la Gruyère et la ligne Montreux-Oberland.

Puis viennent *Clarens* et *Montreux*. De *Territet* on monte, par funiculaire, à *Glion*, d'où une voie à crémaillère conduit au sommet des rochers de Naye. Plus loin se trouve le **château de Chillon**, enfin Villeneuve, située à l'extrémité du lac, tandis qu'en amont la vallée du Rhône semble barrée par les escarpements de la Dent du Midi.

L'ARIANA et le CHATEAU DE ROTHSCHILD sont le but d'une promenade qui se fait ordinairement en une seule fois. On peut s'y rendre par le tramway électrique Genève-Ferney (départ de la place de Chantepoulet, vis-à-vis la Grande Poste, arrêt à la station de VAREMBÉ). Il existe également un service de « Mouettes » (V. p. 297) du quai des Pâquis jusqu'à hauteur de l'Ariana.

Le *Musée de l'Ariana* (visible du 15 avril au 15 novembre, gratuitement le jeudi et le dimanche; 1 fr. et 50 cent. pour les enfants, fermé le lundi) est situé sur le coteau de Varembé, dans un vaste parc, à 2 kil. au N. de Genève. En dehors de ses admirables collections de tableaux, sculptures, ivoires, porcelaines, armures, etc., il offre, dans un site merveilleux, une vue splendide sur le lac et les Alpes, en particulier sur le Mont-Blanc.

Le parc aux daims, le jardin botanique et alpin sont fort intéressants. Plus près du lac est conservé le fameux Herbier Delessert.

A quelques minutes en avant de l'Ariana, sur le plateau de Pregny, le *château de la baronne Adolphe de Rothschild* (visible en été de 2 h. à 5 h., le mardi et le vendredi; cartes dans les hôtels) est entouré d'un délicieux parc descendant jusqu'au lac.

Le Salève (1.365 m). — Excursion des plus recommandées, l'ascension du Mont-Salève se fait agréablement en chemin de fer : soit en partant de la place du Molard par le tramway conduisant à *Etrembières*, où l'on prend le chemin de fer électrique qui monte par *Mornex*, illustré par le séjour de Ruskin et de Richard Wagner; soit en prenant le tramway électrique au cours

MUSÉE DE L'ARIANA

de Rive pour Veyrier, où l'on monte dans l'électrique du Salève. Vingt minutes d'ascension conduisent, à travers des escarpements, au *Monnetier* (bons hôtels). La ligne continue à s'élever jusqu'aux *Treize-Arbres* (buffet), d'où en quelques minutes on atteint à pied, aisément, la

---

crête de la montagne pour jouir de la vue sur Genève
que l'on domine de mille mètres, tandis que le panorama

CHATEAU DE MONNETIER

s'étend sur le lac bleu et la chaîne des Alpes, depuis la
Dent-d'Oche jusqu'aux cimes lointaines du Dauphiné.
En redescendant par *Mornex, Etrembières* et *Anne-masse*, c'est-à-dire par le versant opposé de la montagne,

on effectue un petit voyage circulaire (prix, en été, billets à la station Genève-Veyrier : 10 fr. 80 en 1re; 7 fr. 80 en 2e; — en hiver, 5 fr. 80.

Parmi les innombrables excursions intéressantes des environs de Genève, on doit encore signaler :

1° **Ferney,** dont le château édifié par Voltaire conserve quelques portraits et souvenirs du « patriarche de Ferney ». On y accède par le tramway électrique partant aux heures 15 minutes, en face de la Grande Poste, pour atteindre, en 30 minutes par VAREMBÉ-PREGNY et GRAND-SACONNEX, la ville de Ferney (40 cent.).

2° Le **Col de la Faucille** (1323 mèt.) s'aborde par Gex (en chemin de fer) d'où l'on monte en 2 h. par voiture publique au hameau qui se trouve au col.

En 3 h. on peut faire de là l'ascension de la DOLE (1620 m.) puis descendre (1 h. 30) sur SAINT-CERGUES et revenir par Nyon à Genève. (Prix du billet direct Genève-Gex-Faucille et retour : 6 fr.).

3° Le **Cours du Rhône,** de Genève à Chèvres, est une charmante excursion (1 fr. ; aller et retour, 1 fr. 50). Départ du bateau à vapeur du quai de Saint-Jean et du quai de la Coulouvrenière (jeudi et dimanche, à 2 h. et à 4 h. 45 du soir ; la course n'a lieu que s'il y a 5 passagers au moins). — Chèvres fournit, à Genève, une force électrique de plus de 12.000 chevaux.

Table des Annonces

Bijoutiers

Cafés, Brasseries

Cartonnier

Chaussures

Chemiseries

Chocolats (Fabricants de)

Ciments (Fabricants de)

Ciments (Applicateurs de)

Coiffeurs

Confiseur

Constructeurs

Constructeurs électriciens

Cycles

Distillateur

Eaux Minérales

Eclairage électrique

Electricité médicale

Etablissements médicaux

Etablissements thermaux

Fleurs et Couronnes

Fournitures pour Modes

Fourrures

Gants

Glace à rafraîchir (Fabricant de)

Gorges du Fier (page 252)

Horticulteurs-Pépiniéristes

Quincaillerie

Régisseur d'immeubles

Restaurant

Sculpteur-Décorateur

Stores

Tailleurs

Théâtres, Concerts

Vermout

Vitraux

Vitrerie

INDEX ALPHABÉTIQUE
des Noms de Lieux

ABRÉVIATIONS
{
Hôt. : Hôtel.
Aub. : Auberge.
Méc. : Mécanicien pour cyclistes et voituristes.
}

TABLE DES MATIÈRES

Billets de Vacances à prix réduits pour familles

SERVICES RAPIDES ENTRE PARIS ET LE DAUPHINÉ

La Compagnie P.-L.-M. met en marche, sur le Dauphiné, dans les meilleures conditions de confort et de rapidité, des trains express comportant des voitures directes avec places de lits-salons, de 1re et de 2e classes, entre Paris, Lyon, Grenoble et Briançon :

De Paris à Grenoble   en 10 h. 1/2
De Grenoble à Uriage   en 1 h.
De Paris à Briançon   en 19 h. 1/2

Il est délivré, aux familles d'au moins **trois personnes**, des billets d'aller et retour collectifs de vacances de 1re, 2me et 3me CLASSES, de toutes gares P.-L.-M. à toutes gares P.-L.-M., sous condition d'effectuer un parcours simple minimum de 150 kilomètres ou de payer pour ce parcours :

1º Du Jeudi qui précède la Fête des Rameaux au Lundi de Pâques inclus

Validité : 33 JOURS, avec faculté de prolongation d'une ou plusieurs périodes de 15 jours, moyennant le paiement, pour chaque prolongation, d'un supplément de 10 % de la valeur du billet collectif

2º Du 15 Juin au 15 Septembre

Validité : jusqu'au 1er Novembre

Le prix s'obtient en ajoutant au prix de quatre billets simples (pour les deux premières personnes), le prix d'un billet simple pour la troisième personne, la moitié de ce prix pour la quatrième et chacune des suivantes.

Lorsqu'un billet de vacances ne comprend que trois voyageurs, ceux-ci sont tenus de voyager ensemble à l'aller et au retour ; lorsqu'un billet de vacances comprend plus de trois voyageurs, trois d'entre eux au moins sont tenus de voyager ensemble à l'aller et au retour ; les autres ont la faculté, quand la demande du billet collectif en fait mention, de voyager isolément dans les conditions suivantes:

Il est établi : *a)* un billet collectif sur lequel sont inscrits tous les titulaires, ceux qui doivent voyager ensemble et ceux qui peuvent voyager isolément ; *b)* un coupon d'aller et un coupon de retour individuels au nom de chacun des voyageurs qui sont autorisés à voyager isolément ; ces coupons sont de la même classe et comportent le même parcours que le billet collectif.

Lorsqu'un titulaire de coupons individuels veut voyager isolément, il est tenu de se procurer, à la gare de départ, sur la présentation de son coupon d'aller ou de retour, suivant le cas, un billet au tarif militaire de la classe et pour le parcours figurant sur ce coupon.

Les billets donnent aux voyageurs la faculté de s'arrêter aux gares situées sur l'itinéraire

Faire la demande de billets, quatre jours au moins à l'avance, à la gare de départ.

NOTA. — Il peut être délivré à un ou plusieurs des voyageurs inscrits sur un billet collectif de vacances, et en même temps que ce billet, une carte d'identité sur la présentation de laquelle le titulaire sera admis à voyager isolément (sans arrêt) **à moitié prix du Tarif général**, pendant la durée de la villégiature de la famille, entre la gare de départ et le lieu de destination mentionné sur le billet collectif.

Chemins de fer de Paris-Lyon-Méditerranée

EXCURSIONS à

Chamonix (Mont-Blanc)

Par la ligne électrique
du FAYET-SAINT-GERVAIS et à **Argentière**
à VALLORCINE

Il est délivré, dans toutes les gares du réseau P.-L.-M., des billets simples ou d'aller et retour, permettant de se rendre à Chamonix et à Argentières.

On peut aussi utiliser les carnets de voyages circulaires à itinéraires facultatifs et les cartes d'excursions.

Cartes d'Excursions individuelles et collectives

en SAVOIE et en DAUPHINÉ

Il est délivré, du *Jeudi qui précède la Fête des Rameaux au Lundi de Pâques inclus et du 15 Juin au 15 Septembre inclus*, au départ de toutes les gares du réseau P.-L.-M., des *Cartes d'Excursions individuelles ou collectives de famille*, donnant droit à la libre circulation, pendant **15 jours** ou **30 jours**, dans certaines zones du réseau et notamment en *Savoie* et en *Dauphiné*.

Pour plus de détails, consulter le *Livret-Guide-Horaire P.-L.-M.*

Voyages Circulaires

à *Itinéraires fixes*

Il est délivré, pendant toute l'année, à la gare de Paris-Lyon, ainsi que dans les principales gares situées sur les itinéraires des **billets de voyages circulaires à itinéraires fixes**, extrêmement variés, permettant de visiter, à des **prix très réduits**, en 1re, 2e ou 3e classe, les parties les plus intéressantes de la France, notamment le **Dauphiné**, la **Savoie**, la **Tarentaise**, la **Maurienne**, l'**Auvergne**, la **Provence**, les **Pyrénées**.

La nomenclature de tous ces voyages est publiée dans le **Livret-Guide-Horaire P.-L.-M.**, qui est mis en vente, au prix de **0 fr. 50**, dans les gares du réseau et bureaux de ville de la Compagnie.

22

BILLETS DE FAVEUR

Offerts aux Lecteurs du

Guide Pratique-Illustré

MODE D'UTILISATION

DE CE

BILLET DE FAVEUR

Sans responsabilité pour l'Administration du Guide Pratique-Illustré

Se présenter le soir, tous les jours, à l'exception des Vendredis, Samedis, Dimanches et jours de Gala, choisir ses places et au moment de payer remettre ce Billet avec lequel il sera fait une réduction de 50 %/o sur les prix suivants :

Loges ou Fauteuils d'Orchestre..........	3 »
Fauteuils de Parquet.....................	2 »
Premières........	1.50
Promenoir et Jardins..................	1 »

MODE D'UTILISATION

DE CE

BILLET DE FAVEUR

Sans responsabilité pour l'Administration du Guide Pratique-Illustré

Se présenter le soir, tous les jours JUSQU'AU 15 AOUT, à l'exception des Vendredis, Samedis et Dimanches, choisir ses places et au moment de payer remettre ce billet avec lequel il sera fait la réduction de 50 %/o sur toutes les places.

MODE D'UTILISATION

DE CE

BILLET DE FAVEUR

Sans aucune responsabilité pour l'Administration du GUIDE PRATIQUE-ILLUSTRÉ

Se présenter tous les jours, à l'exception des journées de Gala et des Tournées théâtrales, demander son entrée au Casino, choisir ses places au théâtre et, au moment de payer, remettre ce billet avec lequel il sera fait une réduction de **50** °/₀ *sur les prix ordinaires.*

SAISON 1908

MODE D'UTILISATION

DE CE

BILLET DE FAVEUR

Sans aucune responsabilité pour l'Administration du GUIDE PRATIQUE-ILLUSTRÉ

Se présenter tous les jours, à l'exception des journées de Gala et des Tournées théâtrales, demander son entrée au Casino, choisir ses places au théâtre et, au moment de payer, remettre ce billet avec lequel il sera fait une réduction de **50** °/₀ *sur les prix ordinaires.*

MODE D'UTILISATION

DE CE

BILLET DE FAVEUR

Sans aucune responsabilité pour l'Administration du **GUIDE PRATIQUE-ILLUSTRÉ**

Se présenter tous les jours, à l'exception des journées de Gala et des Tournées théâtrales, demander son entrée au Casino, choisir ses places au théâtre et, au moment de payer, remettre ce billet avec lequel il sera fait une réduction de 50 % sur les prix ordinaires.

Lyon

GRAND
NOUVEL
HOTEL

11, Rue Grôlée — Place de la République

Vue splendide sur le Rhône

PREMIER ORDRE

Appartements avec Salles de Bains
GRAND JARDIN D'HIVER
CUISINE ET CAVE RECHERCHÉES

AUTO-GARAGE DANS L'HOTEL

G. FLURHER, Directeur.

Contraste insuffisant

NF Z 43-120-14

Texte détérioré — reliure défectueuse

NF Z 43-120-11

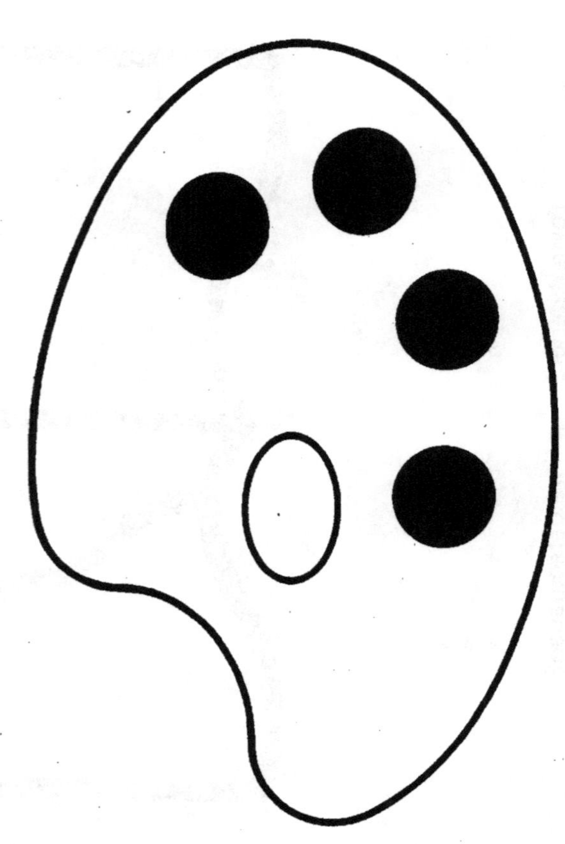